New window 新視野224

U0008240

牠不是普通的狗

No Ordinary Dog

My Partner from the SEAL Teams to the Bin Laden Raid

海豹隊員與軍犬開羅走過戰火療癒彼此的人生

Will Chesney 威爾・切斯尼
Joe Layden 喬・萊登 —— 著

蕭季瑄——譯

我和開羅的第一次旅行，
這是開羅在安大略準備好
迎接全日訓練的模樣。

幫開羅洗澡的日子。

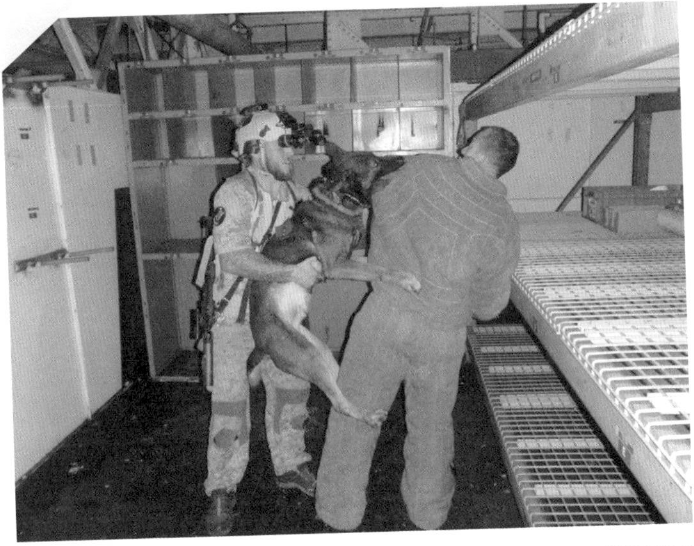

與開羅在訓練中心一起進行啃咬練習。

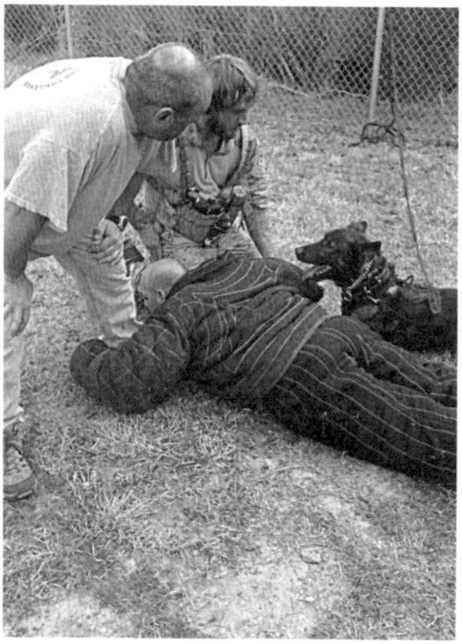

在我馴犬師生涯之初和開羅一起接受啃咬訓練的場景，另外兩位是教練與輔助我們進行訓練的同伴。假扮目標的同伴身上穿著厚重的防咬裝，而開羅的鼻子與他只有咫尺之遙。開羅是最棒的，在指令下達之前他絕不會有任何動作。

開羅穿上牠的小靴子、戴著護目鏡，並咬著牠最喜歡的球。不久後牠就在2009年夏天的一次行動中受到幾乎致命的傷害。

我和開羅一起坐在海軍犬舍的辦公室裡，開羅正努力從槍傷中復原，而我正試著讓牠感覺好過一點。

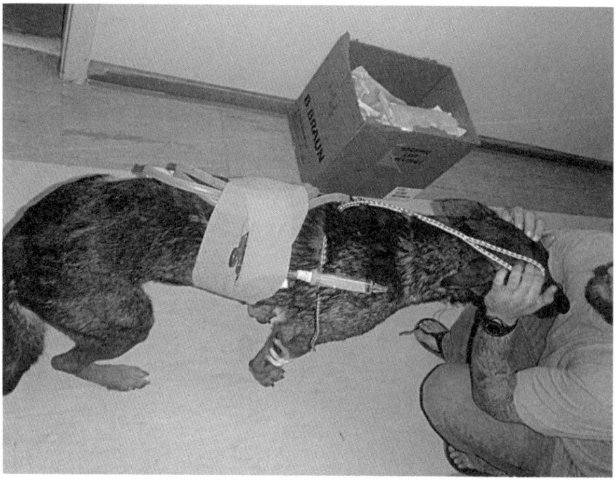

在開羅因為槍傷而接受手術後不久，牠就能站起來在附近走動，但我們仍需要不時停下來休息一陣子。

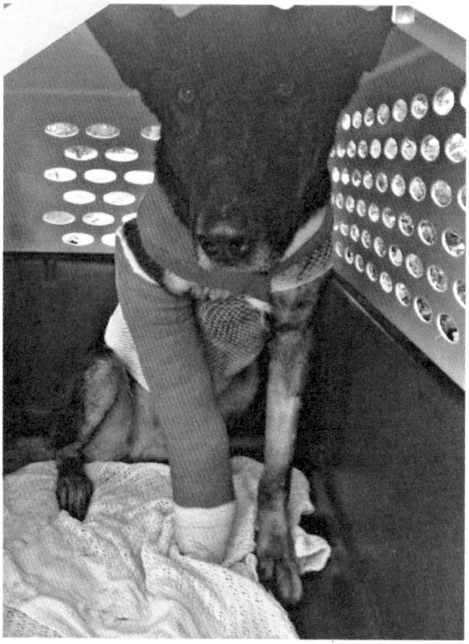

在阿富汗部屬期間中彈的開羅即將前往拉克蘭空軍基地，牠將在那裡接受復健訓練。

與開羅一起在維吉尼亞進行訓練。

開羅在我的辦公桌附近閒晃，當時我已成為訓練講師，照片中巨大的骨頭是狙殺賓拉登行動的戰友送給開羅的禮物。

在經過數個月的掙扎與努力之後，開羅終於成功退休。這是牠回家和爸爸一起生活的第一天。

開羅與牠的朋友史特林和哈根，牠們在維吉尼亞的海灘上玩了一天。

我和娜塔莉載著開羅出去兜風。不論我們走到哪裡，人們總會驚訝地盯著開羅，而牠則十分享受戶外的新鮮空氣。

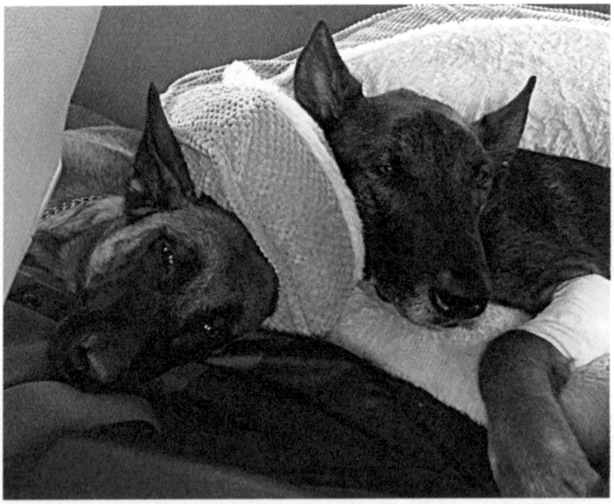

開羅與牠的朋友哈根，正在從佛羅里達返回我們家。開羅不幸被娜塔莉老家養的鬥牛犬咬了一口（看看牠前腳綁著的繃帶）。那是隻幸運的鬥牛犬，因為開羅並沒有展開反擊，牠真是個友善的傢伙！

前言

這可能不是你所期待的故事，我最好一開始就先說清楚。

我服役於美國海軍十三年，其中有十一年為海豹部隊一員，參與了無數場九一一恐怖攻擊後的軍事行動與任務。身為海豹部隊X分隊的一分子，二〇一一年春天我人在巴基斯坦，當時最高價值目標中的頭號人物奧薩馬．賓．拉登於此地遭到槍殺。因此，我可以說是親眼目睹了一些爛事。但那只是本書的其中一部分，也不是最重要的情節。

瞧，我有榮幸與那些你可能曾經希望能遇到的最勇敢、最棒的人並肩作戰時，更是獲得與一位當代戰事中非凡的無名英雄朝夕相處的殊榮——特別是在反恐任務中——這是外人難以理解的。當然了，除非你也曾經與牠，或是其他四腿戰士們共事過。

我跟狗狗們一起長大，也一直很愛狗，但直到加入海豹部隊並聽聞了一些故事之後，我才知道原來犬隻早已被納入軍隊之中。我記得入伍後不久有次走進一間訓練室，聽到了以下指令：「有被狗拯救過生命的人舉手。」

毫不遲疑地，房裡有將近百分之九十的人抬起手臂。他們沒有微笑，也沒有大笑。這是很認真嚴肅的事情。

一條狗有辦法拯救生命？百分之百可以。我有多次經驗，生活上或沙場上皆然。

這是我的故事，也是其中一隻軍隊工作犬、或稱軍犬（MWDs）的故事——更精確地說，牠們是軍犬中特別先進的群體之一，稱為戰鬥突擊犬（CADs）；而牠是其中最出名的，多虧參與了賓拉登的擒獲行動，海豹部隊將這隻狗命名為開羅，是隻跳出飛機、自直升機內拉繩垂降、跑遍激流河川、嗅出路邊的應急爆炸裝置，以及迫使反叛者繳械、有時候真真切切直接啃咬下他們手臂的三十五公斤重比利時瑪利諾犬。簡言之，牠達成了一切人類戰友的期待，更是完全展現了無比堅定的忠誠與勇氣。我願意為牠擋子彈，牠也會不顧一切替我挨槍。因此牠在這本書裡的角色與我的故事同等重要，甚至猶有過之。

二〇〇八年夏天我與開羅初次見面。當時我已服役於海軍六年，幾乎已是海豹部隊的一分子，也經歷了多次軍隊部署，最近的一次是到伊拉克。當時我駐紮維吉尼亞州，很滿意自己的工作，也不打算有任何重大變動。然而，當我一接觸到犬隻訓練項目，立刻就深受吸引。小時候我養過羅威那犬跟鬥牛犬，但從來都不必費心訓練牠們。牠們是寵物和夥伴，而非工作犬。幸運地是，軍犬與特種部隊合作之初，經驗並不是成為一名馴犬師的必要先決條件；你只需展現對於這項工作的熱忱就行了，事情突然間就這麼定了，你一週七天，每天二十四小時都和比利時瑪利諾犬形影不離（德國牧羊犬、荷蘭牧羊犬、拉布拉多獵犬也被作為軍隊工作犬，但是瑪利諾犬才是理想的戰鬥突擊犬，牠們基本上體型更小、更纖瘦，是更靈活版本的牧羊犬。）

不是每個人都喜歡狗——我覺得這應該是天生的——不是所有海豹成員在家裡跟營地時都想當一隻小動物的保姆。每當在深夜潛入一座安靜的院落，不確定周圍安裝了多少炸彈，或是有多少人埋伏在我們前方時，我的海豹同伴們都很高興有開羅打頭陣。在非執勤的時間裡，牠就是那種友善頑皮，且樂於和人們互動的狗；簡單地說，就是隊伍裡的每個人都愛牠。

但背負著馴犬師的重擔？這份工作是留給真正想要的人，那些理解並欣然接受這項職務的人。

那就是我。開羅是我的狗。而我是牠爸。這並不是婉轉的說法，馴犬師和海豹軍犬之間的關係既深厚又親密。這是超越友情以及人狗之間尋常聯繫的情誼。這是一場無所不包的體驗式訓練，全天候的照顧養育需要的不僅是專業知識，更需要在彼此間打造出非常深厚且複雜的連結。

有跟狗狗一起生活過的人都能理解這樣的共生關係——狗狗如何依賴牠的主人並尋找寄託與庇護，如何回應予無條件、足以令你屏息的愛和忠誠。嗯，將如此的關係再乘上十倍，加入幾乎令人無法理解的連結，即促使一條狗願意奮不顧身為你和弟兄們犧牲性命，每一天，你都更加認識開羅和我多一點——也確實更了解大多數有幸成為海豹軍犬馴犬師的人。

所以說呢，沒錯，基於如此真切的意義之上，我是開羅的父親，與牠親如父子。

我們初見面時牠三歲，已自培育從軍潛力股的課程畢業，且是萬中選一的潛力股，牠不僅擁有近乎怪異的運動能力與敏銳感官，更是具備了努力不懈的工作態度。簡言之，牠就是一條可能加入海豹部隊的狗。然而，以下才是開羅非比尋常的原因：熱情且不慌不忙的神態舉止。換作其他狗可能會因此被解僱。畢竟身為一條軍犬，首要之務即是化身戰士，在眾多案例之中，這種特性實在很難與溫和穩重並存。

但開羅不同，牠有本事隨時切換狀態。工作時間一到，牠立即埋首做事。牠的工作內容累人、危險，有時還很血腥。開羅非常傑出，是幾世紀以來自然進化下的產物，品種無可挑剔、接受過嚴謹的訓練，以及，老實說呢，幾乎是贏得了一張基因樂透，但令牠之所以如此特別的原因不僅如此，在執勤、狩獵與服役時的兇猛更是其一，跟特種部隊的隊友們共事時，開羅顯得無畏又不屈不撓。

當然了，這並非完全是事實。每個踏入過戰場的人都明白經歷恐懼時的感受；當然，我也不例外。我們所有人都體會到了痛苦、傷害與疲憊。狗是動物，所有一切皆受本能驅使——牠們的天性是避開危險，並在筋疲力盡時好好休息。這方面牠們跟人類沒有兩樣。所以說，要成為特種部隊的軍犬，狗狗們想當然必須要通過一個非常嚴格的初選條件，就跟那篩選掉百分之八十參與海豹部隊訓練課程的人一樣困難。順利通過初選後，下一關的篩選程序更是無比嚴苛。

這並不適用於所有人；也確實不關乎所有人的事。面對現實吧——大多數的人並不想加入海軍。而大部分的海軍軍人都有足夠的自我意識和良好的判斷力，知道自己並不想忍受海豹部隊痛苦至極的訓練。那些淌這灘渾水的人，很快就發現自己滅頂了。接受訓練是自己選擇的，絕大部分參與臭名昭彰的「基礎水下爆破訓練」（BUD/S）的人都不是因為受傷或被剔除而慘遭淘汰，只是純然地舉雙手投降。

也就是說，放棄。

這就是 BUD/S 的重點——不只是教授海軍特種部隊的基礎和技巧性的軍事戰略，更是以物競天擇的方式選出那些無論如何都堅決不放棄的真正戰士。

同樣的基本信條也適用於軍犬身上。肉體的貢獻不可少，但要是狗狗被山丘邊的火箭推進手榴彈爆炸聲響嚇得動彈不得、服從天性投降於敵人槍管下、又或是因為有被壞人割傷或槍擊經驗而拒絕進入同樣黑暗的房間時，世界上所有厲害的速度與力氣也全變得毫無用武之地。

軍犬必須冒著極大的受傷風險，這是不爭的事實，因為牠們是海豹部隊中打頭陣衝入危險中的成員。即使配備著最先進的科技，人們偵查炸彈與探尋埋伏敵人的功力也遠遠不及犬隻。開羅的工作就是要搜索我們即將進入的建築或是院落周圍。牠也差不多是隊伍中第一個走進黑暗又危險的建築物的角色。牠一再重複這項工作，極其可靠，無所畏懼。

即使如此，人們不應該做這種事情，狗狗也一樣。這是不自然的，這很……不正常。但有些狗就是這麼做了。開羅是其中之一。牠有辦法嗅出蠢蠢欲動的應急爆炸裝置以拯救無數人性命，牠可以，也願意以身犯險走入滿是敵人的樓房，在一些全副武裝的混蛋開槍前將他們猛咬出躲藏的衣櫥。開羅知道自己正為了人類同伴們賭上性命嗎？可能不知道。但牠確實明白自己的工作很危險；這點我毫不懷疑。然而牠義無反顧，不只是秉持著卓越的技巧與專業精神，更是將自己的性命完全置於腦後。

在阿富汗山區，一個任務接著一個任務，開羅化身戰鬥機器——牠是軍隊主力，每一次出擊都和 AK-47 步槍或夜視護目鏡一樣價值連城。不過一到了回家時間跟爸爸待在一起，牠就會換一個樣子。我們會一起坐在沙發上看電影、牠會在我身旁啃牛排、睡在我的床上。陌生人和小孩子都能敞開心房信任牠；這點在牠退休之後更是無庸置疑。就我來看，牠是一隻超完美的狗。

如果我做得沒錯，這本書將會是獻給開羅的禮物，其中不僅僅記載了牠奉獻給美國海軍的傑出成就、花費無數時光及心力成為一名優秀的軍犬，更記錄了牠為我個人貢獻的一切。牠，從很多方面來看，都是我最親近的朋友。我們的職涯走往不同方向時，我曾短暫失去牠一陣子，隨後才又擁有好長一段時間照顧牠日漸惡化的身體。反過來說，過去牠也在我最需要的時候照料我在戰場上受到的情緒與生理上的瘡疤，其中還包括了創傷性腦部損傷，那傷害嚴重到我無法確定自己能否應付得來。

我希望這些故事是你從未讀過的。雖然不乏戰爭與血腥的場面，但內容並不會比過去的其他書籍殘暴。我想要聚焦在將開羅訓練成傑出軍人那疲累又複雜的受訓過程；以及之於那些軍人同伴、還有我個人，牠所代表的意義；同時也道出了為何我需在開羅日漸衰弱的晚年，努力克服種種幾乎將我們拆散的官僚體制。

海豹部隊中有個不成文的無私準則，當我們在執行嚴肅且重要的工作時，我們得認清自己並非特別的個體。我們是團結一致，擁有共同使命的團隊，所有人皆平等，沒有誰獨樹一格。身為海豹部隊一員，我以我的役籍與工作為榮，同時卻也敏感地認為其他人付出得更多……犧牲更多。我分享這個故事不是為了成為鎂光燈焦點——的確，那刺眼的光芒總令我畏縮——而是為了向我的同袍們致敬，其中也包括了一隻名叫開羅的多功能軍犬，從很多層面來看，牠跟我們一樣是個人類。

我們一起作戰、一起生活、一起流血。二〇一一年我們飛越巴基斯坦領空的那個夜晚，開羅就在我身旁。牠是海豹部隊歷史中最重要的那次任務裡不可或缺的一環。經過將近十年的追查，牠幫助我們抓到了那個最終目標，那個惡棍，牠和任務中的所有人一樣至關重要。

但故事並不結束於此，並不是在眾目睽睽之下劃上句點。跟狗有關的故事從不如此，對吧？有人曾說過買一條狗等於是將一起小悲劇帶回家。你在最開始時就深知這點。但這不是重點，對吧？重要的是在這段旅程中，你為狗狗付出什麼，又獲得了多少回饋；開羅奉獻於我的遠超乎我的想像，可能也超過了我應得的範圍。
這本書獻給你，夥伴。

第一章

一百七十七・八公分。七十九公斤。

這是美國海軍海豹部隊的平均身材。這並不是像超級英雄那種體格。我不是在消除迷思，但事實就是如此，海豹部隊的成員看起來就跟普通人沒兩樣。無比健壯是當然的，特別是在BUD/S訓練結束之後，但也還不到誇張的程度，我猜這完全印證了一句諺語：不以貌取人。

沒有所謂「典型的」海豹成員。我們來自全國各地的各個階層。我認識那些幾乎無法高中畢業的人，也認識那些成績頂尖的大學畢業生。我們絕大多數都是十九歲或二十出頭，年少輕狂血氣方剛；其他一部分的人則是再年長個十歲，已經踏入了我無法理解的成年生活。我認識一些非常傑出的運動員，他們的身材簡直像是經過精雕細琢的花崗岩，然而這些人大多沒有通過試煉。我也認識一些身材條件普通，沒有受過正規體能訓練的人，這群人大多也會遭到淘汰。這就是海豹部隊此項訓練的本質——不論你來自何方，不論你來到加州科羅納多海灘參與 BUD/S 前有過多少豐功偉業或經歷多少失敗，一切都不重要。十之八九你會被打敗，你將經歷一連串迫使你放棄的種種悲劇。

這正是事情應有的樣貌。並不是海軍不希望培訓出更多海豹——而是過程實在太艱苦，只有百分之二十的人得以存活。自一九六〇年代早期此項訓練開始之初，失敗率就居高不下，就算當今的海豹成員血統確實可以追溯至二次世界大戰及韓戰時期的水下拆除小組也一樣，這是設計使然。BUD/S 的目的當然不光是為了折磨那些接受訓練的可憐心靈，而是要確保只有最健壯的人得以邁向終點。

要想變得瘋狂有個辦法，簡單地說就是：戰爭等同地獄，而海豹成員們會以一種極度危險且隱密的方式衝入火海之中。大眾期待他們體格強健、心智壯大、心理適應力強、聰明，且毫不保留的付出一切。這不是盲目的愛國主義，雖然海豹成員們可說是我見過最愛國的一群人，但也非得不要命地衝入沙場。特種部隊的工作是極具技術性的，更精確地說，除了需具備勇氣和嗜血性格外，紀律與勤勉也同等重要。的確，看著一大群海豹成員井然有序且快速穿過一棟黑暗的建築物，一個個解決掉全副武裝的敵手只為抓出那最高價值的目標，就像是看著一個隊伍如精密的機械一般運作，這場面可容不得莽撞的毛頭小子或流氓一樣的戰士，只有專業人士和百分之百效忠的人得以參與此任務。

當然執行的過程也不是埋頭猛衝，因為海豹們經常遇到各種超乎預料的戲劇性場面，所以你得學習思維敏捷與聽命行事。這工作野蠻又血淋淋，風險高得超乎想像，且沒有人會假裝一切安好，所以說必須藉由 BUD/S 篩選出最適合這類任務的精英完全可以理解。

多年來此訓練項目只有過一些微小的更動，大多是關於修正一些小錯誤和加入更好的醫療照護措施，為的是提升一切所需的安全性。訓練內容的嚴苛程度絲毫不減。不論美國陸、海、空軍，以及海豹部隊如何壯大，都不會是 BUD/S 手下留情的理由。更動目的僅是讓更多人參與訓練項目。最後，結果依舊相同。

百分之二十的人順利畢業。

百分之八十的人慘遭淘汰。

是什麼原因讓我狂妄自大（或是愚蠢）到認為我會是那百分之二十的其中一人？我想不出個好答案。身為一名三十四歲退役軍人，我擁有了後見之明的智慧，回想起這一切，發現簡直是瘋狂至極。我加入海軍、參與海豹項目、然後……嗯，就只是一步一步地向前邁進。我的背景很平凡，只是個沒沒無聞的德州小男孩（事實上是一個坐落於博蒙特北邊二十四公里、休士頓西邊一百六十公里名為蘭伯頓的小鎮。）但我沒有放棄。我很清楚自己想要什麼，我要的就是成為海豹部隊的一分子。

年僅十二、十三歲時我就開始構想要從軍。不是隨便一個役別——就是要海豹部隊。我沒法解釋為何會有這種想法。很多人從軍是因為世代相傳，他們的近親曾是優秀軍人，而那些加入特種部隊的人通常都有運動員、或是某種戶外運動的背景，比方說狩獵或是捕魚。

這些我全都沒有。我其中一個爺爺服役於海軍，叔叔則是陸軍，但他們的經歷並沒有在我的人生中留下長遠深刻的影響；雖然我跟他們相處了很長一段時間，但戰場上的故事並不是我們晚餐時間的話題。雖然我生長於東德州，但卻不是個戶外活動者。小時候我有釣過幾次魚，但卻沒有自己的步槍也從來都不熱衷於打獵，更沒加入幼童軍或童子軍。有時我會去登山和露營，我確實是喜歡待在戶外，但幾乎完全不了解何謂荒野求生。中學時期，如果你把我扔到荒郊野外，我大概會坐在那裡哭到某人前來拯救為止。我不知道如何食用野草維生，也找不到回家的路。

高中時期也沒好到哪去。雖然我有玩橄欖球——因為，畢竟我是德州人嘛——但並沒有表現得特別好。十年級之前，我就看清了人生中的某幾件事情更為重要；排在那串清單中的第一個，毫不意外，是女孩子。若想接近女生，你就必須有台車。而想要台車，就得有足夠的錢購買。我猜在某些家庭中，爸媽會提供車子和現金，但我家不是那樣，我大多數的朋友也沒這等福氣。

我在一座拖車停車場長大，乍聽之下好像很糟，但那是座很不錯的停車場，雖然我爸媽在我還是學生時就離婚了，但我們所有人還是處得很好，我也分別在兩個家裡過生活。我從不覺得自己可憐貧窮，但仍很清楚學校裡大部分的孩子都比我優渥。這並沒有特別使我難堪，我也從未對此感到遺憾。事情就是這樣。我的雙親都有工作，只不過到頭來沒有存下什麼錢。當時的我只是個孩子，花了大把時間獨處，試圖想要想通這整件事。不論如何，我可以說是個孤僻的人，同時也是個自給自足的孩子。

我不記得有跟我媽或我爸表示想要台車子。這不是重點。我很清楚會得到什麼回應。所以說，我慢慢退出各種體育隊伍和課外活動，將時間用來在當地的餐廳打工。所謂的餐廳，其實是一間專賣炸鯰魚的小店，東南德州和西路易斯安納州在此融為一體，蘭伯頓離查爾斯湖僅一小時路程，所以說我也等於是在河灣文化的薰陶下長大。在鯰魚餐廳打工不是世界上最光鮮亮麗的工作，但我不在乎。我洗魚、清理地板、丟垃圾……還有所有被交代的任務。我是同儕中最年輕且擁有工作的其中一人；我一點也不為此感到生氣或尷尬，反而非常驕傲可以靠自己的能力賺錢，不需伸手向父母要那些他們負擔不起的事物。

很多人回想起第一份工作都會難為情，但我不會。上班這事很有吸引力，被指派工作、盡全力執行、結束後帶著工資回家，知道自己離一台車又更接近五十或六十美金了，還可以為自己沒有搞砸任何事情感到自豪。不論被要求做些什麼，我照單全收，毫無怨言，盡全力工作。我將事情做到盡善盡美，也知道要閉緊嘴巴——這技能在 BUD/S 地獄週一天到晚腦袋挨揍時特別有用，服役於海軍時的大多時間，這技能也是極其重要。

我在學校表現得不錯，也深諳一些生存之道，但從來都不算是特別聰明。同樣地，我也不是特別優秀的運動員。不過我很早就知道我的適應能力比大多數人來得好。屁股被狠踹後我可以做更多工作，我可以日復一日做些爛透了的事情，下班後渾身鯰魚和油煙味回家，一天又一天，我一句話都不吭。

嗯，總之，大部分時候是這樣啦。

十一年級時，我選擇了校內工讀項目，所以我有一半的時間不用待在課堂上，而是可以做更多工作賺到更多錢。一次在擔任學區內景觀設計的工人時，我因為沒有盡力工作遭到開除，這讓我學到了寶貴的一課，那全錯在我，我試著從這起教訓中學習。一旦你有了工作，就得好好幹。你不能抱怨，不能要求別人代勞。試著釐清自己想要什麼，然後好好追求目標吧。若你極度渴望某事，就得投入所有精力，全神貫注直至達成目的。沒有理由，沒有藉口。

最後，畢業前的那段時間，我替一間專門建造行動通信基地台和其他高聳建築物的建設公司工作。這讓我有機會跟我爸一起上班，因為他也是這間公司的員工，透過他我才得以錄取。從好的那面來看，這才是真正的金錢——比修剪草坪和洗碗賺的錢多太多了。相反的是，我爸成了我的老闆，我想這對所有孩子來說都很不容易。

我很愛我爸；我們關係非常親近。但替他工作仍舊不是我生命中最好的經驗。即便如此，我的工作表現絲毫沒有受影響。他是我老闆，而沒有人會永遠認同老闆。這經歷再次讓我受益匪淺。以下這事證明了這份工作價值連城：為了做到好或是做得多，我必須克服極度的恐懼：我有懼高症。或者，至少可以說我以前很怕高。很怪對吧？畢竟海豹成員們一天到晚撐著降落傘跳下飛機，或是必須從直升機垂降。再者，我發現這些人還必須花費大把時間橫跨遠在天邊的阿富汗崎嶇山脊。

不過，基於某些原因，那些海豹訓練相關的任務對我的影響都沒有比在高塔上工作、光天化日之下身處離地三十公尺來得深。跳傘時，逐漸升空是最糟的部分。達到特定高度後一切都沒什麼大不了：只需往空中一跳，剩下的全交給身上的裝備就行了。這時可沒有時間思考或煩惱會不會有哪一環節出差錯。這簡直可說是超現實，前一分鐘你還坐在機艙內，下一刻，就在高空中飛翔。在特種部隊中，深夜時分跳傘更是屢見不鮮。但即便是在大白天，跳傘依舊比單純的爬山嚇人非常多（對我來說是這樣）。從三千公尺的高空中墜落，甚至連地球本身都是虛幻的。那感覺就像眼前有一張無邊無際的掛毯，在你緩慢飄落地面之時，準備迎向你、將你包裹其中。

那麼爬山呢？在漫長的時間內無止盡地一攀一爬，堅硬又無比真實的地面就這麼呈現你眼前？那會以一種截然不同的方式搞得你頭昏眼花。

再一次的，這又是另一件難以預測誰會被BUD/S淘汰、誰能順利過關的任務。就像在第一聲槍響劃破空氣之前，你永遠不會知道某個人會如何應對戰鬥，沒人曉得誰能撐過BUD/S凶猛的高壓與疲憊，最終誰將擁有無比的內在力量撐過全程。最招搖狂妄的人往往是最先退出的——一點也不意外，那些虛張聲勢不過是在掩蓋內心的不安。相反地，有些最寡言安靜的人有辦法毫無怨言，找到出路。

很多懼高的人壓根沒想過要成為海豹部隊成員。天生的自我保護，再加上極力避免尷尬的渴望，往往讓夢想在開始之前就已破碎。我發現這是個必須突破，同時也是個堅不可摧的阻礙。每一天，我跟父親一起工作，一起建造高塔和鐵架塔時，我的胃部總是猛烈翻攪。在這八個小時中比較好的部分是，南德州的暑氣和濕氣有助於克服恐懼和焦慮。不是說這樣的環境令我感到舒適，而是過不了多久我整個人就會變得遲鈍麻木。每天遵循例行工作和直面恐懼，使我有能力應付那些極度不適的事物。我恨死了這工作和它附加的焦慮感，但我愛錢，而且在某種程度上來看，若我能順利進入海豹訓練課程，就能證明這是份相當有益的差事。

這大多都只是潛意識在作祟。當時我只是個十七歲、正努力存錢離開小鎮的男孩。然而回顧過往，我看到了那份工作令我獲益良多，也在我準備迎接未來挑戰時推了我一把。

二〇〇二年高中畢業，在那之前我已經加入了美國海軍。雖然二〇〇一年九月十一日當時我是個十二年級生，目睹世貿雙子星大樓傾倒的場景照理會激起我想要從軍服役的衝動，但實情並非全是如此。別誤會——九一一恐怖攻擊事件令我憤怒又心痛，也讓我想要前去找出整起攻擊的幕後凶手，並儘一切所能確保未來再也不會有如此憾事。但早在那之前我就決定不只要從軍，更要成為海豹部隊的一員。我很清楚若繼續生活在這小鎮，特別是我那個社區，那事情便不會有什麼進展。我們那座拖車停車場有大批小孩群聚吸毒，在附近徘徊很容易便會陷入其中。我對念大學沒興趣，因此我的選擇很有限。

同時我也沒多大興趣在海軍服役。我必須誠實地這麼說。傳統的軍隊沒有問題，這對於美國的生活方式以及我們所重視的自由至關重要。但對於一個希望離開德州、渴望做點特別的事卻沒有實質計畫的十七歲青少年來說呢？

對我來說，非海豹部隊不可。

關鍵在於，要成為一名海豹，你必須先加入海軍。我在高中畢業前幾個月便完成了這件事，當中有我雙親勉強的協助。你瞧，要是沒有父母親在同意書上簽名，一個十七歲少年是不能從軍的。我母親自然有所顧慮，質疑我自己究竟知不知道這一切意味著什麼，再說，畢竟我們的國家才剛遭受恐怖攻擊，當時根本沒人知道軍方將會如何應對。然而，我父親舉雙手贊成；知道我想成為海豹他驕傲極了。我是這麼跟我父母說的，不是「我想加入海軍」，而是「我將要成為海豹部隊成員」。不是因為這麼說比較厲害，純粹是因為我完全這麼相信著。

對我父親來說，這代表的是一個目標，一個高尚的目標。我很確定他很高興我找到了人生的目標。從小到大我都不是個問題兒童。年輕時我藉由運動和學業避免各種麻煩，再大一點則是埋首工作躲開問題。不過我仍舊有些朋友喜歡挑起事端，高中時我也曾被警察拘留過幾次。只不過都是些未成年飲酒之類的雞毛蒜皮小事，但父母親還是會將這些視為麻煩。父親很高興我有了野心，我想他應該很喜歡當時愛國主義風潮盛行初期，兒子是特種部隊一員這個想法。他相不相信我會達成目標是另一回事，但他完全沒有對我流露出一絲懷疑。但這並不重要。我全身上下每一寸細胞都相信自己會成功，而這完全是年輕與天真使然。我讀了有關海豹部隊訓練的所有書籍，也看了所有電影和紀錄片。就某種程度來說，我了解那其中包括了哪些元素，包括那痛苦和艱辛的程度。

但就如同所有史詩級的旅程一樣，你必須親眼去看看、親自體驗才得以確信。

我母親可沒那麼有熱情，甚至沒法像父親那樣接受這一切。不意外，我想。姑且不提海豹，她沒法忽略在這段局勢如此不穩定的歷史中，加入任何一種軍隊所帶來的潛在風險。她單純只是一名正在擔心兒子安危的母親。然而，實際上，她沒辦法阻止我。若十七歲那年她沒有在同意書上簽字，那我大不了等到十八歲畢業後再加入。我父母親可能抱持的反對意見全都沒有意義，他們也深知這點。

那年夏天尾聲，我前往芝加哥參加基本訓練。這是我第一次獨自旅行到那麼遠的地方，所以稍微想家這點是無可避免的，但也不至於是真正的想家。有些人是幾個人一起報名從軍，但我不是。我完全是自己一個人前來，飛離休士頓時，對於眼前的全新生活感到興奮。但才過沒多久我的計畫就偏離了軌道，基本上可說是一抵達新兵訓練營便如此，當時一名指導員把我拉向一旁，看著我的應徵入伍證明書，顯然很驚訝我想要加入海豹部隊訓練課程。

「你應該要去水兵潛艇學校才對，」他說。

「是的，長官，」我如此回應。「然後我會加入BUD/S。」

他搖搖頭。「嗯，事情不見得是這樣。」

應徵入伍的程序是這樣的：由非常精明又有經驗的募兵人員負責進行。海軍的招募人員——嗯，應該是所有軍籍的招募人員，深知不成熟且容易被影響的年輕男女們想聽些什麼話。不論從哪方面來看，年輕新兵和成年募兵者之間的對談明顯是個錯誤。不過沒關係。海軍募兵者有任務在身，意即以這些年輕又急切的肉體填補軍中的職缺。說服我在虛線上簽字不必太多時間。我走進募兵辦公室時就已經準備好要簽字和保家衛國了，只是我需要一個人指引我正確的方向。但是，我有個相當明確的要求：我要加入海豹部隊。若此路不通，我會直接走出辦公室。

募兵員表示我的夢想有可能會粉碎。事情如何，他不敢保證。

募兵的過程中，我必須要在被稱為A級學院的幾間技術訓練學校之間做出選擇，決定基礎訓練之後的去向。新水手一般結束新兵訓練營後會進到A級學院，接下來進入專門進行特殊訓練的學校，為之後需執行的工作做準備。一開始我就表明要海豹部隊，所以說，順利的話我的前進方向將會不同於上述。A級學院畢業後，我就能申請加入BUD/S。事情的進展應該是這樣，募兵員跟我解說了各種不同的A級學院，但我沒有對哪一間特別感興趣；而是專注於那之後的階段：BUD/S。（關於這點，事實上，大多新兵都是如此，不論他們有沒有興趣加入BUD/S——都只會選擇課程最短的A級學院，好盡快完成。）募兵員建議的是潛艇學校，報名了就有五千美元的獎金，並再三強調這不會影響我成員海豹部隊一員的計畫，我聳了聳肩說：「當然，何不呢？我需要那筆錢。」

加入新兵訓練營後，請想像當我發現一切並非如此時該有多麼震驚。此刻，我並非想指控有人說謊或是扭曲事實。十七歲的我或許不是最有耐心或思緒最敏銳的青少年，或許我自己應該要多做些功課。話說回來，這情況在每一役別都屢見不鮮——募兵員稍微隱瞞了事實好填滿每間學院，將新兵帶往最缺人手的地方。不管怎樣，我來到了恰好在芝加哥外，位於五大湖之一密西根湖西岸的新兵訓練司令部，菜鳥新兵如我只將這基本訓練視為進入海豹部隊前的中繼站。

然後突然間我被告知一切都搞砸了，我的美夢徹底破滅。

「我不知道你得到的資訊為何，」教練解釋。「但潛艇學校並不是為BUD/S做準備。

這是完全另一回事，學期很長且複雜。但這是很棒的工作，且非常重要。」

我毫不懷疑這很重要。但同時我也不在乎這一切。我進入潛艇學校純粹是聽從建議且獎金相當不錯。但要是進入此地等同於無法成為海豹，那我一點也不想參與其中。我試著向教練解釋一切，但顯然他是位資深潛艇人員，不僅僅非常看重此項目的價值，也不願意見到竟有小孩想退出。或許他只是在展現他的權威，也或許他覺得我難搞或不成熟。總之，他說這是個棘手的問題。

「你報名參加的就是這個，」他說。「這對你有好處。」

然後呢，他替我規劃了人生藍圖。我將進入A級學院讀資訊科技，然後進入潛艇學校。之後四年我將帶著毀滅性的武器，以潛艇人員的身分默默地環遊世界，包括有些人很感興趣的核彈，但我對此無感。我幾乎不敢相信自己竟然陷入這種困境，同時我立即盡全力來導正這個情況。我是這麼做的：我藉由拒絕聽從號令來開啟海軍生涯。

「長官，恕我直言，我沒有興趣在潛水艇上服役，」我這麼說。「我報名要成為一名海豹成員。我只對那有興趣。我在這裡純粹是為了參與BUD/S，若沒法那麼做，您可以現在立刻將我趕回家。」

我真的沒打算以一個不服從者的身分開起我的海軍職涯，也了解違抗指令的後果。幸運的是，教練並不如表面看來那麼強硬難搞。他考慮了我的要求，並在很短的時間內將我重新分配到輪機士官長A級學院——留在地表的部門，而非水面下的部門。

「當然了，你會失去報名獎金，」我被這麼告知。

「沒問題。」我回答。

我一點也不在意那筆錢。我的海豹夢仍然存在，且它的價值遠遠超過五千塊美金。

第二章

我做了功課，很清楚 BUD/S 有些什麼，雖然實際體驗肯定和文字、電影及各式影片非常不同。我也大概了解了海豹部隊的體能測試（PST）會非常迅速且無情地將那些夢想成功的人跟那些認真嚴肅的人們區分開來，我花了整個夏天努力做足準備。除了一天花好幾個小時從事建設工作外，其他時間我都不懈地鍛鍊。結束基礎訓練時我的體格相當不錯，相信自己絕對能通過測試。

眼下只有一個問題：因為我全神貫注要成為一名海豹，因此沒有花太多心力研究並非我期待的新兵訓練營例行工作。我認為新兵訓練營肯定很嚴苛——一小時接著一小時的行軍、訓練和心理壓力。若有什麼事情是我知道的，那就是：至少新兵訓練營可以讓我持續進行現在的訓練量，就算訓練的整體程度沒有更強，也能確保我在加入 BUD/S 前體格變得無比健壯。

我錯了。

新兵訓練營發生的事如下：我變胖了。剛加入時我一百七十五公分，七十九公斤（相當接近如前所述的海豹平均體格）；才不到幾週，我就胖到了八十四公斤左右。雖然我聽了各種基礎訓練有多嚴格多嚴格的話，但顯然海軍的新兵訓練是個無聊的練習。我們花了大把時間待在教室裡，或是在一間間教室之間行軍。速度很慢……一滴汗都不會流。我們夜以繼日地念書，吸收各種海軍的規矩和文化。這很重要，當然，是為確保每個人在往後的四年都能服役於「常規」的海軍，但卻非常不利於那些有志成為海豹的人們。行軍和念書的時間之外，我們都在吃東西。份量大、澱粉多、滿是脂肪的食物，感覺就像每天二十四小時都在連鎖餐廳 Cracker Barrel 裡用餐一樣。不到兩週，我的肉就鬆垮了。而三週之內，我幾乎多了個游泳圈。我開始焦慮了。

我會不會不夠健壯，過不了體能測試？

幸好，對海豹部隊有興趣的新兵們每週可以進行兩次體能訓練。量不多，但聊勝於無，且負責的兩位教練是將我引進海豹部隊世界大門的啟蒙者。其中一位三十歲出頭，體格健壯精實；另一位大概五十多歲，身材也是一絕。他可能如你預期的有點老派，但兩位教練的神態舉止和活力著實都令人欽佩。訓練時他們用力鞭策，同時也提供了有力的支持；他們似乎是想讓我們相信總有一天我們也能達到和他們相同的水準。

海豹部隊體能測試相當嚴謹，包含了以下五個項目——或者可以說五個進階訓練，進入 BUD/S 後我將更加認識這層涵義——每個項目都必須在時限內完成。最低標準如下：

四百五十公尺游泳（十二分鐘三十秒）
四十二下伏地挺身（兩分鐘）
五十下仰臥起坐（兩分鐘）
八下引體向上（無時間限制）
二．四公里跑步（十一分鐘）

這五項運動必須連續進行，所以更像是五項全能運動，而非個別的項目。休息時間很短：游泳後有十分鐘，伏地挺身和仰臥起坐後各兩分鐘，最後一個跑步項目之前則有十分鐘。這裡必須說一下，以上列的都只是最低標準。若你剛好壓線，還是可以進入 BUD/S，但幾乎可以確定會是第一個退出的人。BUD/S 對於最強壯和最精實的人有足夠的挑戰性，但對那些以最低標成績錄取的人只是徒勞的訓練，因為失敗率高達百分之九十七。想提高成功通過考驗的機會，海軍建議要鍛鍊到合乎「具競爭力」的體能檢測成績。舉例來說：

游泳十分半、跑步十分二十秒、七十九下伏地挺身和仰臥起坐，以及十一下引體向上。

這些不是微小的差異；而是非常重要的。大部分的參與者對於成為海豹一事都相當嚴肅，都極力朝高標準努力，至少要達成其中幾項。

我有自信可以輕鬆達到低標，且在基礎訓練前已經花了好幾個月奮力鍛鍊。我不太擔心游泳，信不信由你，關於這點是許多立志成為海豹的人的障礙。許多來到 BUD/S 的人都是游泳健將，有些在高中或大學是極具競爭力的游泳好手。有些人玩水球，還有些人受過廣泛的救生員訓練。其中有個人甚至是專業潛水員。但不是所有人都有如此的資歷，就算是有如此技能的人，在發現 BUD/S「濕身」的範圍遠遠超過游泳一事後，也是震驚到不行。說到水，就是關乎生存和力氣，以及必須擊退面對溺斃的原始恐懼。有一大票極其壯碩又傑出的應試者在水中訓練時退出 BUD/S；那些人之中有幾位是游泳健將。

我愛水，這是我深受海豹部隊吸引的原因之一，但我不是受過訓練的傑出泳者。我就讀的高中沒有游泳隊，我家人也都不是鄉村俱樂部的一員，所以我小時候並沒有花多少時間一圈又一圈游過泳池。但我很喜歡水：河流、湖泊、大海。不論哪種水域都愛。游泳這事我無師自通，在任何水域都有辦法自保。我知道，若我在某座湖泊或是海灣翻船了，也能夠自己游上岸。還有什麼是我需要知道的呢？

答案是，很多事情。

首先，我是個技術效率低下的泳者，通常都是採用抬頭捷泳的泳姿。若只是夏日午後跟朋友一起玩水那沒問題，但絕對不是能用來應付限時的四百五十公尺游泳項目的好方式。開始基礎訓練、為體能檢測做準備後我還發現了一個更為複雜的小規則：游泳項目是在平靜且安全的泳池內進行，但整段距離需要使用到蛙泳和側泳，而這兩種姿勢我都沒學過。

所以我開始學。沒多久後就上手了；我不會以游泳高手的身分獲得任何獎牌，但已經自在又有效率地足以應付體能檢測。就像所有人一樣，一旦開始準備檢測，就會相當倚賴側泳，因為蛙泳比較難且更累人。

最後，我是新兵訓練營中少數有資格進入 BUD/S 的人之一。不過我並不是一次就成功。這情況很正常，有些人失敗了好幾次，不斷重複整個測驗。有了海豹訓練官的幫助，以及在泳池裡的大量練習，我第二次就通過了。

我大多是和來自亞利桑那、比我年長的雅各一起鍛鍊。雅各大約三十五歲左右，是新兵訓練營中最年長的人之一。他是位優秀的運動員，細瘦且肌肉發達，移動的步伐優雅又輕鬆。他輕輕鬆鬆就從訓練營晉升至 BUD/S。我發現和這樣的人待在一起有激勵人心的效果。他的年紀幾乎是我的兩倍，卻在大多數項目中都能輕易完勝我。現在我也差不多三十五歲，但老實說，我沒法想像自己在這個年齡去參加BUD/S。所以說呢，沒錯，雅各是個相當與眾不同的人。

可惜的是，他沒有撐太久。就跟很多人一樣，雅各放棄抵抗BUD/S帶來的心理壓力。他在那個受試者們近乎感覺要遭受溺斃的水中項目裡苦苦掙扎。那個恐怖的感覺，會令那些原本看起來相當優秀的受試者們萌生退意，雅各便是如此，儘管他年齡較大，且理論上和本人的模樣看起來都像是名理想的海豹成員。

世事難料。

二〇〇三年三月，我完成基礎訓練以及A級學院後抵達科羅納多海軍基地，在五大湖花了點時間等待BUD/S的空缺。科羅納多這座位於聖地牙哥海灣區度假勝地中雜亂無章的城市，同時也是海軍特種作戰訓練中心的大本營，為期六個月的BUD/S課程在此展開。事實上我自願提早將近一個月到科羅納多，去幫忙其中幾堂較早期的訓練課程，過程既刺激又嚇人。

通常BUD/S以一個為期五週、被稱為「灌輸課程」的訓練項目開始。但我被送到海上的訓練場時已經先悄悄得知了後續的項目。這裡，海豹部隊二四三班正接受訓練的最後一部分，三個半禮拜的密集訓練要應付炸藥和軍火，同時間也得接受嚴厲的體能訓練。對我來說，文字的敘述有點太輕描淡寫，但也同樣嚇人了。我只能靠想像才有辦法知道這些人該如何熬過未來六個月。我的意思是，我腦袋裡已經有畫面了，但現在看著這些生存者，差不多五十位粗獷的特種部隊戰士，每個人都被太陽曬得黝黑乾枯又精瘦，與他們的目標僅一步之遙……嗯，這真的非常激勵人心，也有點恐怖。

有一天，我的工作是要站在一輛廂式貨車後面，把彈藥一一遞給正接受各種試煉的受試者。其中一位年紀較大的學生，大概三十歲吧，跟我有了一小段對話。

「你幾歲？」他問。

「十八。」我回答。

那人笑了。「你會放棄。」他冷冷地說。

我不知道該如何回應，總之什麼都不說大概就是最好的回答。所以我只是盯著他看。

「沒錯，」他又說，點了點頭。然後，好像是怕我沒聽到他第一次講的話一樣，他又重複了一遍。「你會放棄。但別擔心。之後隨時可以再挑戰。」

他走掉了，我也繼續我的工作，試著不讓顯然是基於我的年齡和年輕的外表而做出的評價深植腦海。

每一年都有好幾個 BUD/S 班級，且課表部分重疊。因此當二四三班完成第三階段受訓後，二四四班和二四五班已經準備好隨時銜接上來。其中一班的成員因為受傷、生病或成績不達標而與下一個班級的人一起畢業的情況屢見不鮮。舉例來說，就說有位受訓者沒法順利通過第三階段的海洋游泳吧。假設他沒有退出，通常在第三階段退出的情況相對稀少，這位受訓者則有另一次機會，但必須「倒退」回下一個班級完成訓練。同樣的，若有人因為受傷或生病必須退出訓練，但復原狀況良好且不想退出，他就有機會退回下一班級完成訓練。

我進入的是海豹訓練 BUD/S 二四六班。班上總共有一百六十八個人，最終只有二十二人順利通過。另外，還有一些人來自前面的班級一起以二四六班成員的身分畢業。

如此看來，BUD/S 也不是完全不留情面。不過從其他方面來看，這終究是一個殘酷、為期六個月的漫長折磨。

我剛是說六個月嗎？若把引導課程也算進去那麼總共就是七個多月，這課程實際上並不如名稱聽起來這麼溫和或鼓舞人心。BUD/S 是我人生中既是最好，也是最壞的經歷，我猜所有順利通過受訓的海豹們都這麼想，而任何事物都換不走我的這段經歷。它是很恐怖又累人，但有時也有種黑暗又詭異的樂趣。BUD/S 的目的不只是要確認誰想成為一名海豹，同時也是要找出真正適任這份工作的人。抵達科羅納多後我知道自己屬於第一類，但還不確定是否可以成為第二種人。

幸運地是，海軍了解無論是新兵訓練營或 A 級學院的訓練強度，都無法為新兵們提供 BUD/S 所需的生理與心理需求。我猜，一下子進入 BUD/S 的第一階段將會導致新生順利通過的機率為零。為了要有個公平競爭的環境，BUD/S 的新生們會進入一個包含體能訓練、休息、復原（PTRR）的前引導課程階段。這階段著重的是事前準備與體能，再加上體檢好確保受訓者已準備好迎接 BUD/S 的挑戰。由於生病或受傷而倒退至下一個班級的受訓者們是要在結束 PTRR 後，等待被分派到與原先班級相同級別的新班級。對於那些學生來說，PTRR 是一段漫長又挫折的經歷。

人數足夠後，整個班級就會進到引導課程。雖然嚴格說來 BUD/S 是一個總共分為三階段的訓練項目，但引導課程可不僅僅是暖身。隨便問一個曾經上過這門課的人：引導課程是**真正的開始**。五週密集的體能訓練和心智磨練，不僅是用來為往後的嚴苛訓練做準備，同時也為了體現這是整段歷程中不可或缺的文化與傳統。此課程完全是個帶你立即踏入BUD/S的階段。一天十二個小時，你都在游泳、跑步、攀繩、跨越各種障礙、搬運充氣艇，還有各式各樣你無法想像的極盡累人之事。你也會待在教室裡學習海豹精神，主要是著重在道德與光榮的行為。

這段期間教練興致勃勃地教導海豹候選人們何謂丟臉與疲累，他們不僅僅是要訓練學生，同時也要以言語和肢體動作鞭策他們。我經歷過新兵訓練營，所以知道當分隊長對我說我是一個多麼爛的垃圾時是何等感受（通常是教官），但跟BUD/S的海豹部隊教練相比那簡直是小菜一碟。這些人精力旺盛又有創造力，再加上呢，他們常常都很有喜感。在他們沒有對著你的臉吼叫的時候，更有可能只是搖搖頭，稱呼你為該死的白癡，有時候他們活脫脫是個惡毒的混蛋，以目睹新兵們的痛苦和掙扎為樂。

事實上，BUD/S的教練扮演著至關重要的角色。他們的工作是要訓練年輕男子們站上軍隊中最艱鉅的位子，同時也淘汰掉那些無法百分之百投入、個性和身體都沒法承受挑戰的人。引導課程的第一天我就知道所有人都搞砸了；的確，什麼事都做不好的學生就是團爛泥巴球，你就只要坦承錯誤就行了，不需找任何藉口。若你被要求做十下伏地挺身，教練就會站在你旁邊替你計數，完美做完所有伏地挺身才算數。當然了，根本沒有所謂的

「完美」。

每一次的視察或審問都會導致某種折磨。一點點小錯誤之後，你就會發現自己在攝氏十五度的水中掙扎著趕在滅頂前登上浪尖。南加州海邊的水溫非常低，尤其是你永遠沒有機會弄乾自己的時候。泡完水後緊接的是在沙地上打滾，直到你全身覆滿又硬又黏糊糊的顆粒為止。這過程叫做「糖霜餅乾」，聽起來毫無殺傷力對吧，嗯，但它可沒有名字聽起來那麼可口。若你缺乏熱忱，只是隨意地在沙地上滾幾下，放心吧——等下你就會被送回海邊，重複一次所有動作。這就是 BUD/S 永無止盡、永遠唱不完的副歌：第一次就做好，不然就重做。

這實在很好笑，你進入 BUD/S，擔心自己可能會淹死，或者擔心如何穿著厚重的靴子跑在漫無邊際的沙地上——或者呢，以我的例子來說，懼高症將會被證明是爬上障礙賽道六公尺繩牆的一大阻礙。面對虐待狂似的教練，你擔心會被連珠炮似的折磨摧殘殆盡。然而，最後把你逼瘋的是其他更平凡的小事：失眠、一整天渾身溼漉漉的刺骨寒冷；還有皮膚被濕衣服和糖霜餅乾磨得發疼。這裡的每個人都飽受嚴重的股癬之苦，以至於全學會了弓著腿跑步，我們也全都體驗到了乳頭流血的絕妙滋味。

引導課程是一場猛烈的精神強暴，可想而知在訓練的第一階段心理與精神的挑戰將急劇上升。基於實際的意義，引導課程的目的是要嚇跑存在於每個人體內中的那個廢物，好在真正的工作開始之前趕走那些裝模作樣的傢伙。

若我連這些都應付不了，未來六個月要怎麼存活？

這是一個野蠻但有效率的訓練策略。自我懷疑的種子在第一天即被種下，引導課程結束之前，班級人數就已被大幅削減。第一階段開始之前，二四六班就少了將近三十個人，這將近百分之二十的人覺得成為海豹或許不是什麼好事。

所以他們敲了鐘。

喔是的，那個鐘。你絕不可能安靜、有尊嚴地退出BUD/S。儘管學生們被積極鼓勵可以退出，但這種鼓勵常常都是以一種居高臨下的姿態或是諷刺的方式表達，有時候也幾乎是用同情的態度——「嘿，沒關係，大多數的人並不想加入海豹；退出不可恥，孩子」，退出的行為，就其本質而言，等於是公然承認失敗。任何時候都可以退出，你只需要敲響掛在訓練場旁的放棄之鐘（受訓者進行無止盡的徒手體操的瀝青區域：伏地挺身、仰臥起坐、引體向上等等）。只需走到鐘旁，抓住那條掛在鐘口內又長又粗的誘人麻花狀繩子，快速拽三下就好。

噹啷！噹啷！噹啷！

你會在一瞬間感到如釋重負。

還有羞愧。以及經常伴隨而來的是，後悔。

不該是這樣的，在這裡歷經失敗絲毫不丟人。大多數的人都不想成為海豹；少數人仍舊保有資格，百分之八十的人沒辦法順利完成訓練。所以說，敲響鐘聲幾乎是稀鬆平常的事情；大部分的人都這麼做了。接著他們加入了海軍其他種類的工作。這有什麼大不了的？

在你較為脆弱的時刻——BUD/S的過程中會有很多這樣的時刻——你是這麼告訴自己的，這個謊言偷偷滲入你睡眠不足的大腦，並以休息和復原這兩件事來誘惑你。接下來你就會聽到基地另一頭傳來鐘聲，且相當明白這聲響的含意：有人退出了；他投降了。你立即在腦海中建構那人換上乾衣服、享用溫熱的餐點，接著倒上舒服床鋪的畫面。有那麼一瞬間，你可能有點嫉妒，也想跑去以鐘聲結束一切苦難，有些人確實這麼做了，但那人不是我。當我聽到鐘聲，不論感覺多麼糟糕、不論膝蓋有多疼痛或是被沙子和鹽巴擦傷得多嚴重；無論我有多麼渴望退出……那鐘聲總是提醒著我，我又朝終點線更靠近了一步。

我不會退出的。先殺了我再說吧！

BUD/S其中一種更具威脅性、更為狠心有效率的進階訓練被稱為「防溺法」。這名字取得有點有趣，因為這項測驗實際上會讓你覺得近乎溺斃，而不是帶給你不受大水侵襲的感覺。事實上，這項測驗旨在告訴受訓者們，即便是在最不利的環境之下，也有好幾種防止溺斃的方法；同時這也是一個縮減學生的絕佳妙計——在地獄週登場之前，再多踢除些裝模作樣的人。

防溺法訓練中，受訓者需要將雙腳腳踝綁住、雙手被綁在身後進入泳池深水處。這是一種簡單，同時也有點恐怖的練習，用以測驗學生的耐力和處於壓力之下時保持冷靜的能力。若你不會感到焦慮，防溺法就是一個應付得來的訓練。深呼吸潛到水底、用力蹬地面一腳後浮出水面、再深呼吸一口氣，如此循環下去。

一次又一次。

而這只是開始。

一上一下重複二十次後，最後肯定會筋疲力盡，我們必須漂浮五分鐘，然後游到深度較淺的另一頭（用海豚踢水法，因為手腳都被綁住了），到了盡頭後雙腳不得碰觸地面立刻調頭，再往回游到深水處。

測驗還沒結束喔。我們必須在水裡前滾翻還有後滾翻，再潛到底部拿回面罩。雙手被綁在身後該如何拿呢？嗯，用牙齒啊，那還用問。

防溺法可能以眾多方式出錯。上上下下的時候，有些人可能會在水底待太久，或是浮出水面時沒有吸到足夠的空氣，消耗了過多氧氣形成氧債，最終無法順利完成任務。掌握節奏很重要，抱持冷靜的能力亦然。防溺法對我來說不是問題，因為這時身為強健泳者的重要性比不上在水中專注和放鬆的能力。然而有些人因焦慮而退出，或者是必須重複好幾次這項測驗。有些人會在防溺法時險些昏迷，必須被即刻拉出水面，這狀況挺常見的。

BUD/S 有過死亡案例，但非常少見。雖然這些訓練極其嚴苛，有時候非常危險，但年輕人身強體健，且海軍傾盡全力確保大家的安全。醫護人員會持續監控受訓者是否有失溫、生病或受傷的跡象。一日多餐的餐點份量非常大，保證學員們能獲取必須的能量。BUD/S 並非毫無人性。這不是折磨，儘管有時候確實讓人有這種感覺。

BUD/S 期間，我中規中矩的游泳技巧起了作用。不是在防溺法的時候，因為防溺法跟游泳沒有太大關係，而是跟自制力有關。然而在一百公尺長的泳池水面下游泳，或者是在所謂的「水中救援測驗」時，有時身為一名強健且經驗豐富的泳者依舊很有用。這聽起來很容易是吧，但，這可不像你想像的那種基礎救生訓練課程那麼簡單，那種課程只是把安穩地漂浮在水面的人拉上岸而已。

現實生活中，人們會受到恐慌感驅使而猛力打水、掙扎著要浮出水面。你試圖營救激動的人，然後很有可能跟著被拉下去。若你不知道自己在幹嘛，那麼兩個人將會一起溺斃。所以，BUD/S的救援訓練呈現給營救者的是盡可能最令人沮喪的情況：一個溺水的受害人（由教練扮演），口袋裝滿重物令他下沉，並增加整體的重量，猛力地踢水尖叫、雙手又是揮拳又是亂抓。簡單來說，他讓整起任務變得極盡艱鉅。其中幾位教練對於扮演這角色非常狂熱；我就有遇過其中一位，他的熱情再加上我不是最強壯的泳者，真的是快把我給搞瘋了。

就算是在最好的情況下，這也是件相當有挑戰性的任務，而我遇到的並不是最好的狀況。我穿著全套迷彩服和靴子跳進泳池裡，立刻就發現衣服的重量讓我難以快速前進。接著我游向我的目標（我發誓我看到他在笑），立刻被他的雙手雙腳糾結成一團。那位教練是這項訓練的專家，同時也是位非常高大的游泳好手，他將我的頭緊扣在他的腋下，還用兩條腿將我整個人拉下水面。我很快就用光力氣，教練冷靜地拍了拍我的肩膀說：「你結束了。」被擊潰且幾乎無法呼吸的我慢慢游向水池邊，將我的「遇難者」留在水裡。

任務宣告失敗。

幸好，第二次機會我很好運，遇到的是一位很想被拯救的遇難者。這位教練讓我花了點功夫救他，但至少給了我相當大的希望。最後，我得以將我的手臂勾在他的肩膀下，將他拉至岸邊。我累壞了，但過關了。

總而言之……BUD/S爛透了。從頭到尾都糟到不行。第一階段接近尾聲時，這惡劣情況更是來到頂點，此階段相當貼切地被稱為「地獄週」。

這很怪——我記得BUD/S是一段集體的經歷，像是最終的團隊建立練習，但早期階段是關乎生存和掙扎，大部分的苦難都是非常私密個人的體驗。

「你知道嗎，地獄週前你很少跟我講話，」自BUD/S畢業後，其中一位和我最要好的同學這麼對我說。「我以為你不喜歡我還是怎樣。」

但我並沒有喜歡或不喜歡他。潛意識之中，引導課程和第一階段之時我試著避免和任何人太過親近。當時我看了看四周，心想：*這裡大部分的人都辦不到*。一種有趣和健康的競爭心態存在於整個過程；我並不是在唱衰任何人。噢，當然了，那幾個傲慢的卑鄙之徒盡快離開並不是損失，但是總體來說呢，我很喜歡我班上的大多數人，且各種訓練鼓勵了我們競爭也助長了我們的友情。當然也少不了同病相憐，畢竟我們真的有夠該死的可悲。儘管如此，我們全都知道那合格數字，也因此我們不願建立親密的友誼。

第一階段和引導課程很像，著重於體能鍛鍊，但更為密集和嚴苛。訓練場上無止盡的折磨、厚重的沙地上幾公里的跑步、好幾個小時寒冷刺骨的海浪折磨。水上行動中，某些殘酷的進階訓練涉及到海豹部隊最常用到的橡皮筏：充氣式小艇（IBS），橡皮筏似乎很輕且軟，事實上，它的重量大約是九十公斤且非常難搬運。我第一次抬起IBS，簡直不敢相信竟然這麼重；這船重壓在我的顱骨上，我可以感覺到整顆頭陷入肩膀裡。第一階段初期，我們會被分為八人一小組，每隔十五分鐘就聽令一起將船抬到頭上，所有人都必須打直手臂，第一支倒下的隊伍將接受某種懲罰。

還有扛著IBS進行的陸地賽跑，名為「大象跑步」，優勝的隊伍將有額外的休息和用餐時間。此外還有海上的練習，要跑在極端凶險的岩岸之上。

IBS是海豹訓練的基礎環節，實際演練的經驗相當寶貴。但是，夥伴們，我恨透這事了。所有人都恨透了。IBS的練習常常導致有人中途退出。這累人的程度會滲進你體內最深處。此外，意外和受傷在這過程也很常見。八個筋疲力盡的男人拖著一艘將近九十公斤的船跑過滑溜溜的岩石，有時還會不小心滑倒。骨頭斷裂和各種傷口真是稀鬆平常。我也聽聞有些人因為反覆抬起搬運IBS而脖子受傷。

然後是段木。老天爺啊……該死的段木。這是種老派的體能訓練，可以追溯至第二次世界大戰期間的英國突擊隊。就跟 IBS 訓練一樣，「段木體能訓練」跟團隊合作，以及痛苦和掙扎密切相關。聽起來好像是個簡單無害的練習，然而諸位海豹們都很清楚這是 BUD/S 過程中最慘烈的進階訓練之一。請想像七個男人，已經渾身濕透又累到不行，一起將一段二百五十公分長、一百一十三公斤的段木扛到頭頂上，然後就這麼舉著，直到有下一步指示。

我們一起扛著段木蹲下；我們舉著段木開合跳和仰臥起坐；我們躺在地上用腳將它滾上沙堤，一直推到我們的腿被曬傷、整個人虛脫為止。我們在海灘上賽跑，到了終點線立刻拋開段木，休息幾秒鐘之後，又緊接著再次抬起，沿原路跑回去。有時候一支隊伍搞砸了，會被分配一根非常著名的巨大段木作為懲罰，它名為「古老苦難」，這是個再貼切不過的暱稱。

段木體能訓練不只攸關個人的投入，也關乎你對團隊的貢獻，若其中一人挺不住或退出，剩下的隊員們就完蛋了。失去隊員不會減輕段木訓練的重擔，只會增加剩餘隊員的重量負荷。段木感覺更大、更重、更累贅了。看另一支隊伍如何對付那壓力和痛苦很有趣。有些隊員會咒罵吵架；有些會同心協力鼓舞彼此。儘管如此，這始終是場消耗戰，且造成了不少傷害。第一階段的頭四週，我們又失去了四十個人。

而地獄週還在後頭等著呢。

第三章

預感——感受到即將降臨的厄運——應該是最糟的部分。

這又是另一個證明 BUD/S 也是心理強度測驗的例子。事實是：地獄週到來之前，我們已經體驗了各種靈魂被榨乾的進階訓練。我們很清楚筋疲力盡、又濕又冷的感受為何；也很明白一天到晚被大聲咒罵是廢物的感覺。但還有驚喜等著呢。第一階段的第一個月是為了適應體能與心理的苦難，以及了解何謂對我們的期待。

地獄週也差不多，但是更慘。

如果你這麼看，其實那頭野獸也沒有那麼可怕。第一階段的所有事情都糟透了，地獄週只是再更糟一點罷了。我只會再冷一點、再累一點、再多迷失一點。我可以的。總之我是這麼告訴自己的。

其他人就沒那麼有把握。他們說服自己迎接最壞的情況，並同時奠定了失敗的基礎。

微小的懷疑滲入你的腦海，當你開始想著走出水面、換上溫暖乾燥的衣服感覺將有多麼棒之時，那一刻一切都結束了。若你深信地獄週將會是你人生中最慘不忍睹的經歷，那麼事情將如你所願。我的意思是，這確實糟到不行，但重點是必須灌輸自己一種無敵的信念：**若我撐得過這些，就不會被任何事打敗。**

我可以很誠實地說我從沒想過要退出。一秒都沒有。我知道某幾個測驗和挑戰我差一點沒有達標，我可能會生病或受傷。但是退出？不可能，先殺了我再說吧。我不是要顯得自大狂妄，我並不覺得自己比班上其他人更出色，也從未覺得自己有比那些我職業生涯中服務過的人更為特別，這純粹只是我發自內心的感覺。

我猜，這是天分，就如同其他在 BUD/S 過程中奠定成功或失敗的特質一樣。有些人天生擁有優越的速度、力氣或體格。這些我都很平庸，但我不是個半途而廢之人。我的適應力極強，再加上我意識到了一項事實：了解了自己的性格，准許自己冷靜地走向地獄週。我不敢說自己很期待那些瘋狂的事，但同時我也沒有感到害怕。的確，星期天傍晚，當我們從床鋪移動向海邊一座座帳篷時，我幾乎因為不祥的預感而頭暈。我很焦慮、緊張、好奇，但沒有恐懼。不論地獄週將帶來些什麼，或許有點天真，但我認為自己應付得來。我不會死，也不會退出。眼前將發生的一切全都在我的預料之外，但我感覺很好。

大部分的人並非如此。很多進入BUD/S的人是A型人格：專注、執著、競爭激烈，同時也是控制狂。地獄週期間，你很快便會學到除了自己的情緒之外，你什麼也掌控不了。你可以屈服於恐懼和痛苦之下，也可以找到忍受一切的方法。

海軍特種作戰司令部的人深知這點。多年來海豹訓練沒有多大改變是有原因的：目前的方式非常有效。海豹成員們不只是戰士，也是可以聽從號令、思維敏捷的人；面對戰爭的烈火他們無所畏懼，也不會因壓力而退縮；這些人願意為了同袍弟兄赴死。BUD/S及後續的訓練打造出一名海豹，其中有些內容在我們腦海中根深蒂固。韌性和力量有著些微的差異，前者通常是停留在表面且稍縱即逝，後者則深刻且恆久。

你需要力量來度過地獄週。

週日午夜前不久，一切瘋狂開跑——教練們衝進我們的帳篷嘶聲力竭大吼，手中機關槍掃射出空包彈外還投擲了煙幕彈。帳篷外，更多教練拚命扣下機關槍扳機、閃光手榴彈朝四面八方而去。閃亮的焰火點燃了夜空，各種噪音震耳欲聾，然而，我仍舊聽見了夾雜於爆炸與尖叫聲中的音樂聲。對的，音樂，老天在上。毫無疑問自音響爆裂而出的正是槍與玫瑰的〈歡迎來到叢林〉（*Welcome to the Jungle*）。音量太大了，每個音節都在扭曲破音，我猜這也是某種特意打造出的效果：一種極度混亂又困惑的狀態。閃光手榴彈忽明忽滅、爆炸聲在海灘迴盪，再加上埃克索爾．羅斯的大聲吼唱，替整個過程加上了一段詭譎但又相當貼切的配樂。

「歡迎來到叢林！」

不會吧。

地獄週的頭幾個小時名為「突圍」，在糟糕但井然有序的第一階段第一個月與看似胡亂悲慘的地獄週之間劃出界線。當然了，事實上並沒有所謂胡亂或不可預期之事。自我懷疑的種子在突圍之前幾個小時已被種下，在你於黑暗中迅速移動尋找隊友、以防走失之時深深扎進你心底（為了接下來的進階訓練，我們被分為多個小隊）。

突圍旨在模擬戰爭的困惑與混亂。因為所有人都沒有打過仗，我們沒法做比較，但可以肯定的是這跟真實情況相去不遠。經歷過灌輸課程與第一階段後，我們明白了依賴隊友、並肩作戰以及緊要關頭時不能只想保全個人的重要性。這些是戰爭中最不可或缺的一環，而突圍正是用來測試我們在這方面的能力與決心。

綜觀大部分的結果，我們失敗了。而這也是預期的結果。突圍期間教練們設法讓我們不可能找到隊友。天空滿佈煙灰火光、消防車停在訓練場邊，水花自軟管中朝著四面八方噴灑、炮彈重擊地面的聲音宛如轟天巨雷。而在一切狂亂之中，教練還四處奔跑大吼指令，拚命要我們跟隊友們待在一塊。

「你的隊友們呢？」其中一個教練衝著我大吼，我們倆的臉距離近到我可以感覺到他的口水吐進了我耳裡。

「我不知道。」我回答，語氣不如我期望的那般自信。

「該死的，找出他們！」

但我找不到，現在找不到。以教練的觀點來看，突圍的目標是要讓已經累斃又嚇壞的受訓者心中萌生出徹底且純然的驚恐。

「找到你們的同伴！找到你們的同伴！」他們不斷這樣大吼，但實際上卻故意讓我們不可能找到彼此。眾所周知，突圍的壓力和困惑，再加上事發之前油然而生的焦慮，有時候會導致受訓者即刻退出。但你也無法確定，因為在那種環境下沒人聽得見放棄之鐘的聲響。我知道第一晚有些人離開了。這倒有點令人意外。他們都已經挺過了第一階段那四週；而地獄週真正的苦難尚未開始。所以何必退出呢？我猜，他們已經受夠了恐懼和害怕的感覺。這是BUD/S精心策劃的心理戰術：簡單的手法就能逼出弱點。迫使人退出的不是突圍這個動作——是突圍的意圖以及它代表的涵意：步步進逼的厄運和煎熬如此駭人，將大部分的人嚇得說出這句話：「去你的，我不幹了！」

跑出帳篷後的第一件事是往訓練場前進，在那裡我們被消防水管的水花潑了個全身，還必須聽從指令做伏地挺身、仰臥起坐和開合跳，同時間背景正上演著槍響、口哨、警鈴和爆炸聲。不久後，我們身著全套迷彩裝及軍靴被送到海邊，首次體驗一次次的浪花折磨。我們聽令回到剛才撒尿的壕溝裡，躺在那裡頭的泥地上打滾。一塊浸滿尿液的美味糖霜餅乾真是個不錯的開始。

大夥兒都疲憊緊張又困惑。不到十五分鐘我就開始顫抖且發疼。我不怕，但卻發現自己正這麼想著：*天殺的之後五天是要怎麼辦？*

沒有答案。對我來說，從地獄週生存下來的理想策略就是要把一切假想成一連串小小的挑戰，而非什麼龐大無邊的考試。就一步步往前進吧。我不是什麼神秘或特別的人，但很快就學會了冥想法對於更嚴苛的地獄週的價值。聽起來可能有點蠢，但若必須躺在浪花之中，讓冰冷的海水淹沒我們，那我就會閉上雙眼，將心神帶往專屬我的快樂之地。我想像自己正在某個溫暖又祥和的地方，最糟的部分很快就過去了，緊接而至的是下一個恐怖的訓練。我也不明白為何這對我很有效。每個人都有自己應付痛苦的方式。看看那些地獄週受訓者的照片，你看到的是一群雙臂夾緊、直挺挺躺在浪花中的人。其中幾人因恐懼而雙眼凸出，還有人因痛苦而面容扭曲。也有人看起來像是睡著了，彷彿他們身處在這樣的環境中感覺格外安寧。

那就是我。我就是其中一個幸運兒。

並不是說那感覺很美好。那糟透了。地獄週的每一秒都糟到骨子裡。然而，基於某些原因，我發現了以最小努力度過無盡折磨的方法，且提醒著自己，最終我將戰勝一切、持續前行。我猜你會說我天生就很適合 BUD/S，或可以更精確地說，很適合地獄週。

我記得有次坐在大象籠（放充氣橡皮艇的地方）裡享用野戰口糧。地獄週的少數好處之一是我們可以不停地吃。一天三次大份量餐點，再加上口糧和能量棒以確保我們能攝取足夠卡路里以應付無盡的進階訓練。對我來說呢，安安靜靜地坐下享用口糧是個平靜又能使我恢復精力的體驗。是的，我又濕又冷；是的，我累到幾乎快要就地睡著。但至少我不是泡在水裡；至少我不是把段木抬在頭頂上或是做好幾百下伏地挺身或仰臥起坐。也沒有人在我面前罵我是混蛋或是娘炮。

此時此刻，短短幾分鐘，和平安詳。

因此，我無法理解那遠處傳來的聲響。

噹啷！噹啷！噹啷！

然後，幾分鐘後，再來一次。

噹啷！噹啷！噹啷！

我看向其中一位夥伴，他只是疲憊地聳聳肩。截至目前為止，我們的同學敲響放棄之鐘已成為常態，大家的反應轉為冷漠。又一個人失敗了。你怎麼打算？然而，由於某些原因，這次我很困惑。我就是無法理解為何在一天之中少數痛苦被歡樂取代的時間內，他們會選擇退出呢？

還有一次，我手上端著一大盤食物走過食堂。幾分鐘自由時間再加上一堆食物，身旁是一群正在低頭用餐的人，這感覺真是棒極了。事情真的會這麼發生：你看見某個人舀一口食物進嘴裡，咀嚼時他的眼皮下垂，然後頭就這麼垂向一邊，你得推推他以防他噎死。有次我看到一位教練走到食堂中央一名睡著的學生旁邊。教練停步，從桌上拿起一顆檸檬，把檸檬汁擠進那學生眼裡。他立刻清醒。事實上這些事情很常見，地獄週時到處有人在睡覺：在食堂、在廁所和移動廁所、在營房，甚至在海灘上。

總之呢，我經過教練桌旁時，聽到某人在大吼：「你他媽的是在笑什麼？」笑？我在笑？我自己都不知道，但是沒錯，我猜我確實有嘴角上揚。

「我在問你話！」教練大喊。

我稍微聳聳肩然後點頭。「只是很高興可以待在這，長官。」

教練搖搖頭繼續吃他的飯。他肯定覺得我要麼太白癡，不了解到底發生什麼事，不然就是瘋了。事實上，那一刻，地獄週似乎沒有那麼糟糕。

然而，稍後我就會發現，這是地獄週精妙的一部分，你幾乎習慣了永無止盡的傷害。你自然而然忘卻了溫暖、乾燥和舒適的感覺。然後，突然間，你嚐到那滋味——換上乾淨衣服、待在食堂裡或只是咬著口糧，如此短暫出現的正常現象突然激起了一絲脆弱。

我真是受夠了這一切。然後你退出。

其實這並不罕見——人們或多或少都有可能在被折磨到麻痺後退出，就如同可能在被冰冷的海浪拍打二十分鐘，等著失溫現象襲遍全身時退出一樣。

噢，放棄之鐘還有很棒的一點——又是另一個魔鬼般邪惡心理戰術的例子。有人退出的時候，教練們不會待他如賤民，沒有人會在離場時怒斥你，或受到比敲鐘本身更羞愧的對待。事實上，通常有人退出時，教練會笑著替他送上一條溫暖的毛毯。

「沒關係的，孩子。不需要感到慚愧。」

那位蒙羞的學生會點點頭，而教練可能還會給他一杯咖啡或食物。他們會在全班同學面前表示同情，製造一種輕描淡寫整個過程的效果，讓那些正猶豫不決的人們心中悄悄升起自我懷疑的念頭。

幹……看起來挺不賴的。搞不好我也應該退出。

其實呢，退出這檔事，特別是在地獄週並不罕見，事實上可說是一波接著一波。有個人會自水中站起離開，他的投降替其他人開闢了道路，接著就會有三四個人在全班面前擠成一團，溫暖又舒適地裹著毯子。

但他們的夢想告吹了。而剩下的我們，仍然有希望。

地獄週最初的二十四小時是最悲慘的一段時間。突圍之前的幾個小時恐懼與焦慮滿載，而實際體驗的驚愕與混亂，我想應該需要一整天才有辦法適應這種瘋癲。我不會說那裡有什麼規律或例行公事——只有永無止盡又隨性的進階訓練。但通過了最初的二十四小時後，至少有辦法期待和推測出某些事，頭過身就過。

這其中還有點運氣成分。第一階段初期我生病了，有段時間所有事情都變得更為艱難，但地獄週時一切順利，我已經把體內的缺陷剔除，變得相當強壯。好景不常，我把病毒傳染給室友了，地獄週開始之前他不舒服了好幾天。我覺得很抱歉，據我所知，這樣對他相當不利。他在週間退出後，我覺得自己好像得負一部分責任。他是個好人，要不是生病肯定可以撐到最後。但這就跟我還有其他人一樣，其實我的室友可以選擇休息一段時間，降級到二四七班。但他拒絕了這個選項。

突圍之後的第一件事是從科羅納多大象跑步至帝王海灘，這一場將近十公里的體力與耐力測試，六個人得一起彆扭地把橡皮艇高舉在頭上。我記得大象跑步開始才沒幾分鐘就聽到鐘響，並想像起那可憐的隊伍少了一個人後，其餘隊員得負擔額外的重量跑完全程。相信我——若換作是你，你一點都不會同情那個退出的傢伙；你只會咒罵他害任務變得更艱難。

我們之前就做過大象跑步，但在地獄週，每一次的持續時間更長、次數更頻繁，而且常常會有一或兩個隊員突然消失讓任務變得更艱鉅。扛著橡皮艇極具挑戰性，不僅是因為重量，更是因為它的彈性和怪異的形狀。那感覺就像扛著一顆八十五公斤重的巨無霸水球。且不可避免的是，手臂沒力後橡皮艇會慢慢下沉，直到最終你的頭和船身之間一點空隙也沒有。

為了減輕手臂的痠痛，你可以讓船身直接頂在頭頂上。總之，這是個兩害相權較輕的選擇。等待你痛到不行的二頭肌和三頭肌慢慢恢復的這段時間，你的上半身就得承受所有工作量。很不幸地，這會導致多種問題，範圍遍佈之大，輕則感到惱怒或滑稽（比如我頭頂光禿的那塊，因為好幾公里路程的不斷摩擦而掉光頭髮），重則是災難性的後果（偏頭痛、背部與頸部傷害將會因必須接受治療而退出訓練）。但在這十公里大象跑步途中，你會盡一切所能只為順利抵達終點，不顧一切後果。

地獄週中不支倒地層出不窮，但醫護人員一直都隨行在側以策安全——某種意義上來說，是為了避免隊友們的傷害。有個定律可以降低失溫風險：水溫越低，海浪酷刑的時間就越短。但極限總是一再被突破，每當你覺得再也撐不下去之時，海浪的折磨剛好就結束了。偶爾可以有幾分鐘在護堤上休息的時間，讓陽光暖和暖和你的身體和臉部。若你夠幸運贏得多場隊伍競賽的話，就越有這個機會。

「成為贏家是值得的！」這是教練們常常大聲歌頌的話。

顯然如此，我記得有次賽跑我們得扛著充氣橡皮筏出發，回程換扛段木。那痛苦真是難以形容。但我們這隊贏了，獎勵是整整二十分鐘的休息時間，在溫暖晴朗的天空之下，甚至可以在護堤上睡覺！

不過每一段休息時間之後又是另一次的折磨。哨音響起，我們就必須聽令回到海水中，迎接下一波浪濤的折磨。

有時候我們會進行「海浪洗衣」。這又是另一種遠比字面上來得痛苦的訓練。坐在三月的海水中，脫下衣服——脫到僅剩內衣褲，將衣服上的沙子沖乾淨，接著把衣服摺好放在海灘上。這些動作必須坐在水位及腰、水溫攝氏十五度的海中，手指被凍得幾乎無法移動時完成。最後，全班的人都「洗完衣服」後才能離開水中。完成此項任務的獎賞是：穿回那些冰冷、濕透的衣服。

然後又是更多大象跑步，再來是一連串危險又累死人的搬運練習，隊伍們必須扛著橡皮筏在濕搭搭、崎嶇，且有時候布滿陡峭巨岩的海岸線上移動。隨後報到的又是一次又一次的段木體能訓練……更多仰臥起坐、伏地挺身、浪花折磨——有時候身上有穿衣服，有時候是半裸。離開海水後通常緊隨而至的是糖霜餅乾或在泥地上爬行，好確保我們的皮膚被摩擦到了極致。第二天結束前，有幾個人發現他們的陰囊腫成了幾乎兩倍大。一週即將來到尾聲之時，腫脹程度已經變成原本的四倍，幾乎像是一顆生肉漢堡。

至少我不孤單。我們全都飽受同樣的病痛和羞辱所苦，也有辦法笑看一切。我很幸運。二四六班不只全是優秀的海豹候選人，更是世界級的刻苦耐勞。我們相互開玩笑，也彼此扶持。隨著地獄週一天天過去，我們的人數越來越少，大家口中的玩笑話越來越黑暗、越來越多，也越來越好笑。這方式趕走的不僅是痛苦，也是始終揮之不去的羞辱和失敗的威脅。地獄週時，放棄之鐘隨處可見。一次又一次的進階訓練、從海灘到訓練場再到我們忍受大象跑步的街道，它就被放置在卡車後頭緊隨著我們。若你開始感到虛弱，就會有一位富有同情心的教練在你耳邊低語：「敲鐘吧。它就在那裡。只要拉個幾下一切就結束了。」

但是呢，就像我說的，放棄之鐘在經歷痛苦的當下並不常響起，而是在短暫休息和復原時間的那一剎那——例如吃完飯後，或是沖了個熱水澡洗去滿身髒污後，或者是在身體檢查之後。對某些人來說，極小段的喘息時間就是渴望退出之時；而對幾乎所有人來說，休息時間越長，也就越是渴望一切劃下句點。

經過超過兩天毫不間斷的瘋狂，我們全都因為疲累和失眠而頭暈眼花。連續五天沒有睡覺，拚命執行地獄週所有殘酷的體能訓練簡直不可能；最短暫的休息時間是必須的，而我們所擁有的也只是最短暫的時間：總共四小時，平均分成兩段。這段時間我們可以洗澡、吃東西、換上乾爽的衣服，然後鑽進帳篷瞬間倒地。有些人會鑽進睡袋。我不記得自己有睡著，我想我大概是躺下前就昏過去了。

之後呢，簡直像是才過了幾秒，我們又從短暫的睡夢中驚醒。不像突圍那般被機關槍掃射的嚇人巨響和爆炸聲嚇醒，週間的午睡時間是以教練走過帳篷、輕柔地催促我們「該起床啦」做結束。聽起來似乎不太相稱；感覺簡直像是他們替我們感到難過，希望我們能好好享受每一秒的睡眠。

事實上，他們確實如此。

傍晚時分我們被哄出帳篷。一行人走上護堤，腦袋昏沉站成一列時大家都不發一語，只是盯著夕陽慢慢沉入太平洋。我記得，看著那顆燦爛的豔紅夕陽點亮海水之時，我心想著一切真是美極了。此時此刻手中若有一瓶啤酒、沙灘上有露天燒烤，再加上美女相伴就更棒了。

然而，在你的世界即將遭受劇烈晃盪之時，這樣的想法非常危險。你看，他們正是希望我們幻想這種溫暖白日夢。這很邪惡、是種虐待，也非常高明。我得說，對於大部分人來說，從第一場午覺中爬起是地獄週最困難的事情之一。就我個人而言，我沒打算退出，然而幾分鐘後，正當我們聽令被浪花拍打之時，鈴響了，又一個別的班級的人退出了，又是另一次夢想的破滅，我完全理解此事為何會發生。

我們全部人朝著海水前進，手臂相互交握，站在波濤的浪花之中。其中一位教練大吼：「坐下！」而我們仍都站著不動。這是地獄週以來第一次我們對指令有所遲疑。才剛午睡醒來就要坐在冰涼的海水中，這真的很難以忍受。

「坐下！」教練再吼一次，語氣更大聲也更堅決。慢慢地，我們朝著海灘彎下身子，躺平於沙子上，任由太平洋襲捲我們全身。急凍的感覺瞬間而至，剛剛的午睡全部成了過往雲煙。

訓練中段的評量時間，我有信心不會屈服於導致如此多人敲響放棄之鐘的自我懷疑和疲累之下。至於能不能完成所有體能要求則不是非常確定。

整個第一階段、包括地獄週，障礙賽是我打從第一天抵達科羅納多以來最大的心魔。O型賽道是BUD/S中最具挑戰性的環節。想像一下你曾看過最慘烈的混合健身運動，那麼就差不多了解BUD/S的障礙課程強度有多麼高了。

一開始是以手臂支撐爬過雙槓，緊接著短跑衝刺過一列輪胎（雙手交握置於後腦勺），爬上二公尺高的「矮牆」後跳上兩個矮樹樁。這能增加助力，不過會影響到整體平衡。接著短跑過一小段沙地再藉由繩索輔助爬上高牆（三．五公尺），然後要爬過一長段周圍圍有鐵絲網的圓木（只有最低處的八公分沒有鐵絲網），接下來又是另一次短跑過沙地，來到一面嚇人的十五公尺高繩梯之前（「吊貨網」是大家比較熟悉的名稱），再一次累死人的短跑過沙地、一系列考驗平衡感的圓木，隨後攀爬上一段牢固的繩索。

這還不到O型賽道的一半，但到了此時，你的肺已經熊熊燃燒，雙腿也疼痛不堪了。然後你將迎來此課程中最棘手的障礙物：「齷齪之名」。這是由兩個欄架組成，其中一個一‧五公尺高，另一個三公尺高，兩個相距大約一百二十到一百五十公分遠。此階段必須跳過第一個跨欄，以雙手著地後立即爬起，接著再迅速跳躍第二個。看那些經驗十足的海豹成員們、或是高大及跳躍能力極佳的人做起來很簡單。但對大部分人來說，齷齪之名的頭幾次嘗試都會因為抓不準跳躍時間點整個人撞上跨欄，肋骨瘀青或斷裂，整個人還在沙地上跌了個狗吃屎。就算是整體進行得很順利，腹部也可能遭受重擊。

當你整個人還在齷齪之名裡眩暈不止的時候，障礙賽一下子又來到了另一階段，「編織者」，它像是大型V型梯子，必須橫躺著從第一階上方翻過，然後以同樣姿勢從第二階之下翻過去，一上一下翻到最後。完成編織者後，前方還有將近一半的障礙等著你，隨時暈倒這點不只可能性很高，同時也很受歡迎，至少昏倒後痛苦就結束了。

後半段的障礙有更多輪胎、更多繩索、更多牆壁、更多的攀爬與跑步，以及，接近終點的地方，有個被稱為「生命滑行」的玩意，其實叫做死亡滑行會更貼切。這不是障礙競賽最累人的項目，但是最危險的。簡單來說，要想完成生命滑行，你得先爬上一座十二公尺高的平台，將一條朝地面延伸而去、差不多三十公尺長的繩索固定在身上。雙手雙腳都綁上繩索後，你即「朝著生命而去」。這地方只要稍有差錯便會嚴重受傷；幾乎是直接導致體檢不合格或是直接退到下一班去。

我第一次看到這障礙時，心想：這會是個麻煩。

果然不出我所料。

如我所說，我不是天生的運動員，因此有些部分對我而言極具挑戰——特別是齷齪之名。BUD/S 中有些時間限制，讓每個階段更添難度。灌輸課程時我花了很多時間練習，所以最終獲得了充足的技巧以達成要求。我們重複進行了好幾次，但每一次的障礙競賽，我都幾乎升天。

若你看不出來，我得聲明我恨 O 型賽道，也**恨透了**必須同心協力扛著充氣橡皮筏的地獄週。這很難想像，執行起來更是艱難。我第一次聽到必須扛著船跑過障礙賽道時，幾乎以為這是則笑話。當然了，這不是笑話。我的意思是，顯然我們不需全程扛著船——不可能扛著一艘九十公斤重的船爬上十五公尺高的繩牆，也沒法帶著船執行生命滑行。但其他部分呢？可以的。這簡直是慘到可笑的地步，也把我們蹂躪得體無完膚。

地獄週大部分的時間我們都是躺著或趴著。我們被命令一聽到哨音響起就要倒下或爬行。有時是在水裡，有時則是在沙地上。有時我們需爬過水泥地和柏油路，或是得爬過爛泥灘或涵洞。不論指令為何，我們照單全收。沒有一絲猶豫。

「走到海浪邊！」

我們走到海浪邊。

「坐在水裡！」

我們坐在水裡。

「在沙地上打滾！」

我們在沙地上打滾。

若你搞砸了，教練會迅速來到你面前羞辱痛罵你。海豹部隊要的是足以應付逆境，不受情緒影響任務的人。當你又濕又冷且幾乎要站著睡著的時候，有人會在你耳邊尖叫說你是一堆無用的垃圾，離開這鬼吼鬼叫的人這想法實在很誘人。的確，他這麼做就是想引起這種反應。所以說，若你以為理想的海豹成員是那種很活躍的人——認真、專注、隨時準備好應戰——其實真正的海豹們是完全相反的人。最棒的候選人野心勃勃且不屈不撓，這是當然。但他們同時也出乎意料地低調且冷靜沉著。

我學會了以一種既不熱情也不冷漠的語氣回應「好的，教練！」（基本上，這是海豹們對所有事物的反應。）

再一次的，我想這是種天賦，某種與生俱來的能力。小時候我的周遭一堆爛事，但我沒有被影響太多。我的父母親離婚、我們住在拖車停車場、我為我所擁有的一切努力工作，但我從未感到憤怒或不滿。事情就是那樣。我老早學會了生命中總有無法掌控的事——一堆事——所以你只需找出方法與它們共處。

最後，即便是最壞的也都過去了。如此態度是幫助我度過 BUD/S 的最大功臣，特別是在地獄週的階段。

地獄週的最後幾天，教練和學生的態度都有明顯轉變，體能的要求沒有比較少，睡眠不足的情況更是雪上加霜。但大部分在地獄週退出的人頭兩三天也是相同情況，全由主要工作為將強壯與弱小的人區分開來的教練所促使。若你撐到了禮拜三，則可以假定你有能力撐過地獄週。若你撐過了地獄週，通過 BUD/S 的機率則大幅提高。所以在最後的四十八小時，教練變得沒那麼惡毒和虐人了，他們轉而由鼓勵取代潑冷水。

對二四六班的同學們而言，我們終於看見了近在眼前的終點線。

地獄週的最後進階訓練於週五早上進行，稱之為「非常抱歉的一天」，是要在充斥著爛泥灘、涵洞、倒刺鐵絲網和各種阻礙的障礙賽場上進行的戰鬥模擬練習。地獄週的爛泥灘可謂傳奇，不只是泥濘不堪，有時還滿溢著從蒂華納河流入太平洋的污水和未經處理的垃圾。在這樣腐敗的沼澤中，我們被指示要「玩耍」好幾個小時。進階訓練的精華——如果你稱之為精華的話，包括了走在鋼索上，底下是閃閃發亮的沼澤，要邊走邊講個笑話給全班同學聽，畫龍點睛之處在於同學們會笑到猛力晃動鋼絲，讓你掉進糞便泥巴堆裡。

最後，日落之後，我們回到科羅納多海灘的基地。當然了，我們不只是走回去，而是跑了最後一輪大象跑步。我們全都知道就快結束了，但睡眠不足總有辦法擾亂你的頭腦；如此狀態下地獄週彷彿有可能再增加幾個小時，甚至是幾天。但當我們在海灘上集合，所有人都累壞了且還渾身濕透、被泥巴與糞便覆蓋的時候，教練們在眾人面前聚集，顯然事情有所不同。他們在地上插了一把旗幟，接著其中一人拿出擴音器大喊：「二四六班，地獄週安全過關！」

一開始，全場鴉雀無聲。幾個人看起來好像快哭了。大家開始交換疲累的擁抱，大喊出響徹整座海灘的：「喔耶！」我們站在原地，教練們則一一穿過各隊伍跟大家握手，發自內心地恭賀大家。這些人，過去五天視我們如糞土，現在擁抱我們如弟兄。這一生中我從未如此驕傲。

隨後，我沖了澡換上乾淨衣服。教練替大家叫了披薩——說到披薩，是每個倖存下來的成員各自擁有一整塊的超大披薩。我坐在訓練場外，一邊將食物送入口中一邊打電話給我父親報告消息。

「嗨，爸。」我說……然後不知為何，突然有個惡作劇的念頭躍上腦海。我住口。

「怎麼了，威爾？還好嗎？」

「很抱歉，爸。想讓你知道我搞砸了。我退出了。」

我爸過了一會才打破沉默。

「胡說八道。」他說。

然後呢，我對著電話大笑出聲。

「耶，你真懂我，爸。你說的沒錯，我很好。地獄週結束了。我辦到了。」

又是一小段沉默。我幾乎可以看到我爸在笑。

「幹得好，兒子。」

吃完披薩後，我們被一些剛度過引導課程的學生護送回寢室（不是海灘上的帳篷，而是真正的房間）。聽從醫護人員的建議，他們替我們在床下放了些抽屜和置物櫃，這樣睡著後我們疼痛又腫脹的雙腿可以被抬高。那天傍晚，我一倒上床鋪便失去意識。接下來的十二個小時，我睡死了。
那天，是我人生中睡得最香甜的一晚。

第四章

緊接在地獄週之後的是天堂週。

這個嘛，也不盡然，但感覺上是這樣沒錯。嚴格來說，這週名為「步行週」。我們這些二四六班的倖存者們有九天的時間，包括週末，可以修復身體，讓身體重獲精力同時也要找回心神的敏銳度好繼續 BUD/S。並不只是坐在海邊曬日光浴而已，我們迎接的是一段壓力最小、沒有考試也沒有限時訓練的時間。

接下來就是第一階段的最後兩週，主要包含更多體能訓練以及下午待在教室裡研讀水中偵查知識。在通俗的英文中，這代表我們正在學習用水面下的工具和策略有效率地接近或攻擊一個目標，一種老派蛙人的東西。

這些全替第二階段奠定了基礎，八週的潛水指導和練習全部在泳池裡、訓練坦克車上以及聖地牙哥灣進行。若真有的話，第一階段最後兩週只有少數不支倒地的情形出現。我們仍然抱持這份工作所需的頑強性格，但教練們的言語已經明顯沒有那麼消極負面了。他們沒有稱我們為「魯蛇」；沒有在每一次互動前就再次強調我們成功成為海豹部隊一員的機率極低。

因為數字現在站在我們這邊。包括降級來的人，第一階段結束時二四六班有超過五十個人。第二階段我們失去了超過十二位，但這代表的是成員退出的數量大幅下降。相較於第一階段，感覺上放棄之鐘響鈴的次數就跟教練們的笑容一樣罕見。

但也不是那麼容易，BUD/S從來都不簡單。但一旦你順利通過了第一階段，訓練的目的就從淘汰成員三百六十度大轉彎變成了教導和鼓勵剩下的成員。若你通過了第一階段，就會被假定為未來的海豹成員，而剩下四個月的課程也會因應如此假設做安排。

第二階段之中，安全是非常重要的考量。第一階段之中，疲累會導致受傷和生病，而第二階段的訓練內容具有可接受範圍內的危險性。基於此原因，第一週我們研讀物理學、心理學和基本潛水知識。我們得知了大量若人們在水底下出意外，身體和大腦將會面臨何等險境的知識。舉例來說，恐慌引起的無法控制之向上浮會觸發血栓。我們閱讀學習和考試，通過測驗才可以實際下水。

接著是水池週，在這裡我們進行了第一次水肺潛水。不過呢，這裡是BUD/S，所謂的潛水和在巴哈馬被灌輸的那種皮毛知識天差地遠。就拿這件事來講吧，我們要麼搭巴士到水池邊，過程中穿著潛水裝備透過軟管呼吸，要麼就是揹著氧氣筒，彎腰駝背地徒步將近二公里。有時我們穿著裝備在沙地上做伏地挺身——包括我們的氧氣筒。平時，我們做個四五十下伏地挺身半滴汗都沒有流是稀鬆平常的事，但五十幾公斤重的潛水裝備和呼吸軟管替整個動作增加了難度，除非你親身體驗不然實在難以想像。

更糟糕的是那些用以製造恐慌的不間斷訓練，通常都會讓你近乎窒息。這原理跟防溺法很類似，海軍用這種方式教導學員們如何在水中及水面之下，即便可能失去意識依舊能感到舒適。

雖然大多數來到第二階段的同學們最終都順利從BUD/S畢業，但確實有些最強壯、看起來最能幹的人被潛水訓練給打敗。誰也說不準哪些人有辦法平靜地接受氧氣被剝奪以及水流湧進肺部的恐懼，而在冷靜得尋找出路的同時，又有誰會毫不掩飾地流露出被嚇壞的模樣。毫無疑問的是：後者是目前為止最自然的反應。我不在乎你有多堅強或是游泳游得多好，當外力斷送了你的氧氣來源，又或是造成水流進你的設備中，直覺是要先尋求幫助，接下來才是感到恐慌。

第二階段涵蓋的測驗與進階訓練旨在測試學生面臨掌控範圍之外，以及面對生命威脅時的應變能力。你可能必須喚醒孩提時期的記憶，幾乎所有人都有經歷過溺水的感受。或許你在尚未準備好時就踏進了泳池深水區；或許你在衝浪時被一道巨浪淹沒；或許你浮潛時進到了稍微深一點的區域，掙扎著爬出水面時近乎昏厥。不論是哪種劇情，你都不會忘記，那感覺糟透了。

第二階段大部分時間都致力於重現此種感受，並教導學生們在瀕死之際如何冷靜應對。雖然沒有人喜歡這事，但即便是訓練中最糟糕的部分，我們大多數人仍都表現很好。然而，少數幾位學生完全應付不來，最終選擇退出。

我們第一次被准許下水測試潛水裝備時就迎來了恐怖的事情。雖然幾乎所有人都精通游泳水性良好，但我不確定班上是否有人曾受過正式的潛水訓練。所以當我們打開氣閥坐在泳池淺水端，將頭潛下水面時，可以想像水流入我們的咬嘴之時那感覺有多麼震驚。我們嗆到氣喘吁吁。我們吐口水，尋找舒緩的方法。其中有幾個人嚇得想離開泳池。這些都是刻意營造來製造恐慌和畏懼的方法。我以前從沒用過軟管或調節器，但仍舊馬上察覺到有事情不對勁。我也看出了這是訓練的一部分，因此我再次盡力走向我的快樂之地。

冷靜……冷靜。

禪宗式的專注在第一階段很有幫助，在潛水生存訓練中則是至關重要。除了在障礙賽道上不斷被擊垮、海灘上的六公里跑步、訓練場上無止盡的訓練體操，我們還被扔進各種不同的水域裡，和溺水的感覺培養感情。就如同 BUD/S 大多數訓練一樣，這不僅是在教育和訓練，更是要看看你如何應對這種排山倒海的壓力。在鬼門關徘徊時你能否維持冷靜？這絕對很難，有時也很嚇人，但過不了多久你就習慣了。若無法習慣，那就別無他法了。

有很多演習和測試是為了培養隊友間的信任。例如，我們兩兩坐在水池底部，共享同一個咬嘴。這叫做「結伴呼吸法」，此想法來自於執行任務期間，你的同伴的裝備可能會出問題，必須與之共享氧氣，這促進了友情也激起了勇氣。其他則是著重於體能測試，像是身著負重腰帶和全套潛水裝備，不靠雙手涉水而過。有時走到一半，教練會游過來扯掉你的面罩或調節器軟管，單純要看你如何反應。適當的反應是要迅速有效率將裝備穿戴回去。現實世界中，兩棲突擊時，不論外力多寡，從洶湧的巨浪到翻覆的船隻都有可能扯下你的裝備。在最艱困的狀況下保持冷靜至關重要，但有些人會忍不住立刻浮出水面。另一項測驗中，教練會把軟管打成一個結，我們得在被大水淹沒的同時解開它——在昏迷前解開為上策。還真的有人就這樣昏了過去。你會看到他們雙手抓著軟管不斷擺動，狂亂地試圖解開。接著他們的動作開始放慢，最後手臂幾乎動不了了、近乎失去意識，但仍舊不停

完成這項練習！進階訓練期間教練一直都待在周圍，並會立刻上前拯救苦苦掙扎的受訓者，但每次有人昏迷，情況都會很恐怖。

第二階段進行到差不多一半時，我們接受了一項名為「泳池競賽」的測驗，此時我們的體能、基本潛水技巧和高壓承受力都將面臨極大的挑戰。泳池競賽於水池週的最後一個禮拜進行，而它與地獄週一樣，以高效率淘汰 BUD/S 成員而遠近馳名。這階段時間短很多，但困難度不減。水池週的測驗包括身穿全套潛水裝備跳水，然後坐在水池底部等待「指令」。

這道指令包含了兩或三位教練游在你身後，進行一連串名為「浪花襲擊」的全面突擊。過程真的很單純，教練一瞬間來到我身旁扯掉我的面罩、拔走我的呼吸軟管，然後盡一切所能引起我最深切的恐慌。事情是這樣的：總共有將近六種情境，每一種都設計來使我們無法呼吸。最本能的反應即是立刻浮出水面猛力吸一口新鮮空氣。但在水池競賽中，這個反應不及格。我們要做的是解決困難——解開軟管的結、解決氧氣筒的問題諸如此類，所有過程都不能浮出水面。就像 BUD/S 大多數的測驗一樣，我們有兩次機會可以通過水池競賽。我第一次就成功了，真是鬆了一大口氣，因為眾所皆知只要通過了水池競賽，等於也就是通過了第二階段。

這不容易。完成水池競賽後，接著要在聖地牙哥灣夜潛多次。我們絕大多數人都沒有試過夜間潛水，應付黑暗就跟不迷失方向一樣困難。此外在水中以及坦克車裡還有很多累人但重要的工作。最終，接近第二階段尾聲時，來了一次急凍潛水，潛到水面下六十公尺至一艘沉船旁感覺就像是某種早已聽聞過的潛水活動，而非這兩個月來我們一直在做的曲折迂迴又充滿是戰術的事情。這是其中一個流程——在我們證明自己在可控制的環境之中保持冷靜已得心應手前，海軍並不希望我們潛到水面下六十公尺的海域。

第二階段結束前，二四六班有差不多四十名學生順利留下。距離成為海豹部隊一員的考驗結束還有九週。最後，一切似乎變得真實了起來。不僅是因為離 BUD/S 終點線的距離已大幅縮短，同時也因為第三階段，眾所周知的，將著重於身為海豹一員參與部署任務時的真實演練。手冊中描述了許多基本兵器、小隊戰術訓練和拆除任務的知識，第三階段因而被廣泛稱作「陸戰」，而這就跟 BUD/S 其他所有事情一樣糟糕透頂。

但至少有一段時間會很有趣。若你要一個普通百姓形容他們對於海豹部隊訓練的看法，他們的答案應該會跟第三階段的內容差不多。此時的進階訓練專注在槍法和滯空下降以及爆破和導航術，第三階段實際上提供了演練機會，讓受訓者得以將技巧和所受的訓練應用在與部署大致相同的各種狀況中。

大致上。那當然和實際出任務不同，但第三階段很成功地傳達了概念。我們依舊每天練跑，完成時間必須縮短。我們還是在障礙賽道上把自己搞得遍體鱗傷。但體能訓練的帶來的痛苦與壓力本來就該被納入訓練場，雖然艱難，卻也常常很有趣，甚至以某種詭異的方式顯得很歡樂。我的意思是，若我不承認炸毀東西或精通各式武器真的很酷，那顯然就是在撒謊——從口徑九毫米手槍到 M4 步槍，再到 M60 機關槍。不喜歡槍枝和炸彈是無法成為海豹成員的。這就是工作的一部分。

第三階段的最後五週，我們轉移陣地來到那座引導課程前六個月，我在此幫忙的離岸訓練場。短時間內經歷了這麼多事情感覺起來真是奇怪。當時我是機動組，其中一項是扮演受訓者們伏擊和其他模擬任務的敵人角色。現在我是以受訓者的身分再次回到這座凹凸不平、岩石遍佈的島嶼的其中一人，離畢業僅剩幾週的時間。

但一切都還是未知數。首先，這座訓練場上也有專屬的障礙賽道，雖然不比科羅納多的艱險，但也絕非省油的燈，尤其因為我們身上還帶有步槍和其他裝備，同時還得學著穿越催淚瓦斯製造的迷霧之中。我只有一次在聖克萊門特完整跑完過 O 型賽道，但如此足矣，因為我們本就無止盡地在又漫長又艱險的山丘上跑步進行體能訓練。

離岸的這座訓練場也是 BUD/S 最惡名昭彰惹人厭的進階訓練：泳渡五點五海里。

BUD/S 才一開始我就很煩惱這件事。雖然我成功從地獄週和潛水訓練時肺部爆開的驚恐中存活了下來，這些經驗照理要、也確實讓我更加自信，然而在這片開闊水域游泳將導致多位離 BUD/S 終點一步之遙的人們去拉響放棄之鐘，又或是退回到下一班的畫面仍在我腦海裡揮之不去。

泳渡五點五海里的難度實在難以用文字形容。其實整段痛苦的經歷都難以用文字描繪。五點五海里。在一片汪洋中。攝氏十五度的海水蕩漾不止，還伴隨著陣陣猛烈的浪潮。我剛有說到鯊魚嗎？沒關係，我現在說了。島嶼周圍鯊魚環伺。龐大、危險、吃人的鯊魚，除此還有海洋肉食動物界的老大：大白鯊。

現在呢，事實上海軍進行 BUD/S 這麼多年來，從未有過鯊魚攻擊受訓者的案例。但想到為了泳渡五點五海里而涉入海水中，且知道自己即將穿著光亮黑色的潛水衣和橡皮腳蹼在裡頭待超過四小時，飢腸轆轆的鯊魚們可能會錯把海豹部隊當成真正名符其實的海豹，這念頭著實令你停下了腳步。就如大部分人所知，海豹是大白鯊最喜歡的餐點，而此訓練場又是海豹們的大本營。有海豹的地方就有鯊魚，而這裡海豹雲集。

第三階段的教練將我們被吃掉的可能性視為笑話一則，在某種程度上這些人比他們在科羅納多的同事們更殘酷。可能是這偏僻的地理位置激發出了他們最好以及最壞的本性。不管怎樣，他們似乎很樂於讓我們知道游泳的過程中會有別種夥伴加入。還有謠言說進階訓練開始前他們會尿在海水裡。我沒有證據，但若真是如此我也不會感到意外。他們非常明白地告訴我們，不僅有可能遇到鯊魚，且若與這些呲牙咧嘴的怪物們槓上了，千萬要堅守立場打回去。

沒問題。

老實說，有關鯊魚的這些話可能會加深下水之前的恐懼，但實際進入海中之後，我從未想過會被攻擊。噢，當然了，我可能有和我的游泳搭檔康諾開這方面的玩笑（我們兩兩一組游泳），但總歸不是個實際要考量的問題；還有其他太多事情要煩惱，且這進階訓練糟糕透頂的原因還有百百種。就像在 BUD/S 的許多日子一樣，很多時候我累壞了還得在海裡游泳，如此不適的情況下，任何有辦法終結這些苦難的事情似乎都可以接受，被大白鯊吃掉也可以——在你花好幾個小時在海中踢水前進、跟著浪潮起起伏伏，有些人會因此嘔吐，不自覺肌肉抽蓄的同時，這念頭會就這麼悄悄鑽進腦袋。

巨浪無可避免，所以練習時會有橡皮腳蹼（蛙鞋）提供我們使用。聽起來很大方對吧？事實上那些腳蹼雖然有助於抵抗海流，但會對小腿和腳部造成極大壓力，這種不便會使你更加疲勞，還會提高抽筋的機率，但想不靠它們游泳也是不切實際。

一開始的幾公里，康諾和我會隨意停下來休息交談。我們花了些時間才擺脫痛苦和疲累。我已經煩惱這項進階訓練好幾個月了，也用了我應付 BUD/S 其他事情的方法：保持冷靜，繼續前進。思緒朝快樂的地方而去取代痛苦的事。踢水、划水，踢水、划水。

一度有隻海豹游在我們身旁，這真的是我人生中最酷的經歷之一。牠不只是在我們身邊划個兩下水，而是一路跟著我們好一會兒，應該有半公里或更長。除非有隻海豹就在你旁邊，不然你不會知道一頭海豹究竟有多大；也不會了解牠有多漂亮優雅。牠們看起來有點像狗，在水裡更靠近點看，這兩種動物確實有些類似的特徵。我們把牠當成小狗一起玩耍。牠可能只是好奇，但似乎也很享受我們的陪伴。之後我才意識到我們也正在和鯊魚的食物一起游泳！

游到一半，差不多過了兩個半小時後，其中一名教練的船來到旁邊遞給我們水壺和蛋白營養棒。BUD/S 的密集訓練和導致不舒服的功力很殘忍，但挑戰極限跟魯莽蠻幹是兩回事。沿途完全沒有補充水分和食物是沒法完成五或六小時的泳渡大海任務的，不可能，所以我們補充完能量才繼續上路。

泳渡海洋的途中我沒有遇到什麼可報告的災難。整段過程漫長、無聊又痛苦，但顯然也代表我們正往終點邁進，一股驕傲與成就感油然而生。我相信，這是我和 BUD/S 畢業典禮之間的最後一道阻礙，而一切就快結束了。

然而，當我跟夥伴游過衝浪線爬上海灘時，突然來了個大驚喜。不是恭賀我們，而是其中一名教練告訴我們雖然我們完成了，但卻沒能在規定的時間內抵達終點。

「休息一下吧，先生們，」他說。「你們明天要再游一次。」

這大概是我人生中聽過最慘烈的消息。地獄週後我早就已經累癱了，結果不但無法慶祝這項成就，不到二十四小時後我們還得重複一次這個折磨。我憤怒又困惑——我甚至不知道泳渡海洋有時間限制（我猜我得更專注一點）；我們都以為這項進階訓練是只要完成了就可以順利通關的挑戰之一。毫無疑問，顯然有個很高的門檻必須跨越。但我累到沒法質疑教練的要求，且這顯然也無濟於事。這是 BUD/S：沒有最糟，只有更糟。

那晚我吃了一大堆食物，一爬上床立刻就倒頭昏睡。這是我所經歷過第二好的睡眠，僅次於地獄週結束的那晚；但是呢，這次我不是帶著如釋重負的甜美感覺醒來，不是知道最糟的部分已經過去，而是清楚意識到今天遠比昨日更糟糕。我全身痛到走不動。即便睡足了八小時，我還是感到混沌不堪又疲憊。想到要再次進到海裡游五點五海里，這不僅僅是瘋狂，而且還非常不實際。他們搞不好還會叫我們游到夏威夷呢。毫無疑問，這是我在BUD/S的整段經歷中，少數幾次感到毛骨悚然的時間之一。

事情不會是這樣……。

但就是這樣。其他同學還在睡覺的時候，康諾和我以及其他幾名「廢物」（教練替沒在時間內抵達的人取的稱號）正忙著將可憐的屁股拖下床並開始穿衣服。其中有兩個人好像是在游泳時失去了方向。我不知道是否真有這個可能，因為其實只要沿著海岸線就行了。但顯然他們倆逕自轉向大海然後就迷路了，這難以理解的錯誤使得班上其他人寫了首歌來歌頌這兩位任性的同學；我不記得歌詞，但旋律是皇后樂隊的〈波希米亞狂想曲〉。在晨曦之中，我們應要求穿戴好裝備準備下海。跟昨天一樣，也先進行了一輪游泳前的檢查。我們被震耳的吼叫聲稱呼為沒用廢物，還被威脅說今天要是沒游得好一點就等著打包走人。我們還有一次機會，他們說，在時間內抵達終點。失敗了就去下一班吧。

我們來到岸邊，腳步緩慢地踏入水中，準備好度過連續兩天的酷刑。這是BUD/S中少數讓我才剛開始就覺得被擊垮的訓練之一。當我站在水中承受席捲而來的浪潮，腳蹼被浪花沖掉時，恐懼的感覺被現實情境放大，並真真切切感受到大難臨頭。少了腳蹼，游過五點五海里根本是天方夜譚。剩下一隻腳蹼呢……嗯，我實在不敢想像後果。

我看向康諾。他搖搖頭。

「我們可以的。」我說，試著讓語氣振奮人心。

接著，就在即將開始游泳時，奇蹟出現了。

「好了，大家上來！」教練大喊。「今天是你們的幸運日。就讓你們用昨天的成績過關吧。」

等等……什麼？

我看向康諾。我們倆都笑了，然後更是大笑出聲。這一小群廢物們全都笑了。教練們也是。原來這麼做的目的只是在擾亂我們。這是六個多月來的精神強暴最狂烈的一次。簡直是魔鬼。要不是我太累了，大概會設法說些什麼。但很高興這事就這麼結束了。頃刻間，BUD/S最爛的一天成了最美好的一天。我還另外獲得了一個好兆頭——走出海水時，其中一人找到了我遺失的橡皮腳蹼，所以我不必因為弄丟裝備被責罵了。

幾分鐘後，我們加入班上其他同學的升旗儀式，這是每天早上的例行公事，通常這時還得歌頌宣誓效忠美國。陽光灑上我的臉龐，海水在我身後蕩漾，宏亮的誓言自我的雙唇間傳出，這話語很少聽起來如此甜美。

畢業典禮於二〇〇三年十一月二十一日在擁有澄澈早晨的科羅納多舉行，地點就在最適合不過的訓練場上。過去六個月以來我們在這塊場地工作及飽受折磨，現在這裡成了最偉大慶祝活動的現場。所有人都身穿燙得筆挺的海軍藍制服、頭戴白帽、腳踩擦得晶亮的皮鞋。

我一直是個很溫和、不走感性路線的人，這個性幫助我順利度過如雲霄飛車般的BUD/S。但若我說畢業典禮這天不是最讓人充滿幹勁的一天那就太不誠實了。雖然二四六班總共將近四十名畢業生中只有二十二人屬於原本的一百六十八人，其他都是前一班退下來的學員，但你可以看見每個人臉上都露出了驕傲的神情，以及與親朋好友、女友妻子團聚的喜悅。我的雙親都從德州來參加典禮，感覺真是不賴。他們並不常離開德州，因此這對他們倆來說是一大樂事。走上前領取畢業證書，轉身看見他們臉上的笑容時我感到了真切的滿足和驕傲。

代表個人失敗、惹人厭的放棄之鐘這時轉變為團隊合作與勝利的象徵。典禮來到尾聲，三位學生——班級幹部、班級榮譽代表（最優秀的學生，由同班同學們票選），以及海軍士官長——必須輪流敲響鐘聲。最後一聲鈴響傳來之際，我們一邊大叫，一邊將帽子高高拋向空中。

「喔耶！」

事實上，BUD/S只是成為海豹一員這漫漫長路的第一步。後續還有好幾個月的訓練——於空降學校、海豹資格訓練以及酷寒氣候訓練地為期超過一年的訓練。在這期間，我收到了特種部隊的徽章，也稱為「海豹三叉戟」，代表正式成為海豹弟兄們的一分子。雖然在科羅納多的那些天我們都覺得自己像名海豹，且為順利活過BUD/S感到自豪，但其實還有好多東西要學習。

畢竟身為一名海豹必須經過好幾年，而非幾個月的磨練。

第五章

大多數人不了解的是海豹部隊絕大部分時間都是在受訓，而非參與部署行動。一名海豹實際參與任務前要經過多年的訓練，每次部署行動之間也都有多個月的受訓，這是無盡的循環。有時訓練就跟你期望的一樣：花大把時間登山、野營，或是跳出飛機、精通某種類型的武器。你知道的，正是那些努力撐過 BUD/S 時夢寐以求的東西。瘋狂、有趣的玩意。

但其他時候，訓練其實事與願違。有時更為平靜，有時更為理性，有時會有些你做夢也沒想過的事情發生，若你抱持著開放的心態，這些將改變你的一生。

二〇〇六年，我扎扎實實地成為海豹部隊第四小隊的一員，駐紮於維吉尼亞海灘。我熱愛工作中的一切；這是我全部的人生，我將所有精力全投注在了這裡。在德州的成長歷程悠閒懶散，但當海豹部隊成為我的職業後，我滿是幹勁與專注。完成 BUD/S 的瞬間，我立刻明白總有一天我要成為海軍最精英隊伍的一分子。

身為海豹的一員非常棒，但每個人都知道海豹X分隊是精英中的精英：這支精銳的反叛亂及戰鬥部隊在全球各地執行最具挑戰性的任務。並不是每個加入海軍的人都想成為海豹，也不是所有海豹都想當X分隊的一員。但這是很多人的目標，而我絕對是其一。我知道這段旅程就像是穿越一個洞口越來越窄的漏斗，但我進入正確的訓練學校、在多個領域取得認證，以及，最重要的是，在第四小隊盡我所能將工作做到最好，藉由這些讓自己成為有力的候選人。想被選為受試者的最關鍵因素為目前隊伍領導人、部隊隊長以及士官長的推薦，因此我知道自己必須要有更優秀的名聲。我想要擒獲世界所有動亂地區中罪大惡極的壞蛋，眾所周知身為海豹X分隊的一員最有機會完成這件事。

我知道自己的未來將會是什麼樣。或至少我認為自己知道。

二〇〇六那年在肯塔基山區受訓的時候，我接觸了海軍特種部隊的全新項目，雖然這並沒有改變我的職涯計畫，但確實讓我開了眼界，了解到原來海豹部隊中可能有個我未曾知道的角色。當時我已去過南美。我曾花幾個月的時間與第四小隊一同進行部署，在伊拉克進行安全相關工作。以那次部署大部分的情況來看，都屬於一次平靜的部屬，只有少數幾次軍事行動，而我極渴望能有更多行動。然而，每一次部署之間的空檔都是被大量訓練給填滿。

我們進行了一些都市戰訓練，以及每次旅途之間的空檔，我們都會被邀請去參加一場獨一無二的演示。在我不知情的情況下，軍隊開始將工作犬納入特殊軍事行動，且他們想要讓我們——我們這些最前線的人——搶先目睹。

那時，對於犬隻被用在法律和軍事的某些方面這點我有模糊的概念，但對軍用工作犬的了解幾乎為零，甚至也完全不明白牠們是如何效忠於特種部隊。然而我很愛狗。我媽媽有養些小狗，我跟爸爸養的比較大隻，是從收容所帶回的羅威那犬和鬥牛犬，或是在路上撿到的流浪狗。我從來沒有訓練過我家的狗，牠們只是精力旺盛又傻氣地跑到屋外搞破壞，但完全無害。我們以滿滿的愛將牠們養大，將牠們照顧得很好，也獲得了相等的回報。我只期待我的狗狗們玩丟接遊戲、在我看電視時蜷縮在身旁，這樣就夠了。

這天我看到了其他可能性。

演示的規模不大，就兩人一狗。但看看那狗！馴犬師解釋那是一條比利時瑪利諾犬。我從沒聽過這個品種，但牠看起來很像德國牧羊犬，只不過稍微再瘦小、體格更精實一點。瑪利諾犬，馴犬師解釋道，非常聰明且運動神經非常發達，警界與某部分軍隊已經借助牠們的能力多年；最近，牠們也成為了特種部隊的一分子。

「我來介紹一下這位成員，讓你們瞧瞧牠的能耐。」馴犬師說。

現場大約有六十個觀眾，差不多一半是海豹第四小隊的成員，另一半是輔助人員。我們站在周圍，對狗的體能和美麗讚嘆不已，但並不確定該期待些什麼，且相當懷疑牠對部署行動能做出什麼貢獻。我們不是在質疑或是看衰——應該說是好奇才對。在海豹部隊的期間，我很樂於接受任何能讓我的工作更容易及安全的方式；大部分的人應該也是如此。傲慢和心胸狹隘不僅會讓任務更棘手，還會替你惹來殺身之禍。何不迎接所有的可能性呢？

馴犬師告訴我們瑪利諾犬擁有絕佳的嗅覺，比任何現今使用的人造機器更能聞出炸藥的氣味。顯然，這項技能可以被用在非常多地方：在載滿士兵的悍馬車被伊拉克路邊的炸彈轟垮之前搶先嗅出氣味；偵查出埋藏在阿富汗山區內院落外圍的應急爆炸裝置。狗狗追蹤氣味的能力可以用來揪出躲在建築物牆內的壞蛋。或者，如我們即將發現的技能，牠們可以殘暴也相當有效率地一把撞倒「某地方噴出的水柱」（從建築內衝出的反叛者或其他目標）。

實際上有兩位馴犬師。其中一位穿上防咬裝——一套有厚厚防護墊，遮蓋他的四肢與軀幹的服裝，但臉沒有遮住——接著開始走離狗狗和另一名馴犬師。他的步伐有點像米其林寶寶，因為防咬裝的關係笨拙地搖搖晃晃。同時，另一名馴犬師緊緊抓著瑪利諾犬的牽繩。狗狗顯然很清楚接下來的事，沒有拉動繩子，而是繃緊身體、雙眼緊盯著慢慢遠離牠的目標物。我發現那隻瑪利諾犬巧妙地轉移了重心，腳掌悄悄地上下移動。就像柵門裡的賽馬一樣，渴望奔馳的牠正等待一聲令下。

穿著防咬裝的人一直走、一直走，就這樣走過田野，直到大約五十公尺外才停下腳步。他停下並轉身面對另一名馴犬師和瑪利諾犬，接著揮舞著雙手開始奔跑。嗯，應該說是拖著腳移動，但他仍舊領先了大約半個足球場的距離。瑪利諾犬多快可以追趕上呢？追上目標後會做些什麼？

這兩個問題的答案很快就揭曉了。馴犬師鬆開牽繩並大喊了一個我不認識的字眼。快如子彈射出槍膛的一瞬間，瑪利諾犬全速狂奔。群眾間傳出一陣讚賞與驚異的驚呼聲。小時候我也有一隻這樣強壯又敏捷的狗，但卻從未見過這樣的場景。那隻全身都是肌肉的瑪利諾犬約三十五公斤重，看起來更像是一隻格雷伊獵犬，毫不費力地就橫越了地面，彷彿是用飛的一樣。我以為牠追趕上逃跑的米其林寶寶需要半分鐘，但其實只花了幾秒鐘的時間。狗狗一瞬間就跑過了這一大段距離，最後以一記猛撲將目標物壓倒在地，彷彿就像一名美式足球隊接球員被神出鬼沒的游衛攔個正著。

將人撲倒後，狗狗張口用牠的尖牙包裹住馴犬師的手臂，以我從未見過的兇猛與強度緊咬不放。記得嗎，我養過鬥牛犬和羅威那犬！群眾裡傳出更多驚呼聲，緊接著是笑聲，最後變成了滿是贊同與尊敬的吶喊聲。眼前這幕彷彿是自然頻道裡獵豹擒獲瞪羚或是鯊魚制伏海獅的畫面。雖然沒有見血，卻也十足殘暴。狗狗的體型不到馴犬師的一半，但卻能完全佔上風。當那人躺在地面上扭動、大吼大叫並猛力揮舞雙臂，徒勞地試圖擺脫攻擊者時，另一名馴犬師慢跑過來，臉上掛著大大的笑容。

瑪利諾犬的攻擊如此精準，這點挺有趣的。牠可以咬人的脖子或臉，但卻僅是像老虎鉗般緊咬著手臂不放。事實上，牠完全沒有試圖咬目標物的其他部位，就好像這隻狗狗理解牠的職責：追上逃跑者、撲倒在地、壓制住直到另一位馴犬師前來。這一連串動作以驚人的效率完成。另一名馴犬師來到攻擊現場後用力抓緊狗狗的項圈，一開始狗狗不願鬆開嘴巴，但馴犬師再次大叫一聲我聽不懂的指令，瑪利諾犬馬上鬆口。馴犬師輕輕鬆鬆就把牠拉離了被害者，讓那位米其林寶寶有時間和空間重新站起。待他起身後，所有人都情不自禁地鼓掌。

就是這樣。負責這場演練的馴犬師謝謝大家的參與，並重申這不僅是一個發展中的項目，且是必須進行的計畫：軍犬被納入特種部隊的最高層級，包括海豹部隊，且很快就能與我們一起參與部署行動。我想有些人仍舊抱持懷疑。畢竟，事情在海軍之內一向不會進展這麼快速。應該也有一些人，雖然才目睹剛剛的場景，仍然無法看清狗狗在軍事任務上的價值。而我把瑪利諾犬視為武器，且是很厲害的武器。

但我還是沒法想像剛起步的軍犬計畫竟對我個人造成那麼大的影響。當時我正專注於成為一名狙擊手，一名操作員，一名海豹。我的腦袋裡沒有多餘空間想像有天將會有一隻狗進入我的人生。那是很久之後的事情。

二〇〇六年末，我與海豹第四小隊至伊拉克執行第二次部署。X分隊篩選人員的基本條件是要有兩次部署經驗。這很合理；每一次部署都要背負更多責任，這能夠幫助你建立履歷——讓海軍有辦法評估每一位申請者的能力，以及藉由進階訓練和上級的推薦來篩選。基本上每個新人都會被告知的是：「沒待個幾年，就別肖想要加入海豹X分隊。」

我可沒那個耐心。

事實上，我在第二次部署行動初期就開始詢問篩選流程。我知道當時還不可能，但我想要確定我的職涯目標非常明確，並清楚將這個意願傳達給美軍指揮系統。我以為大家都會欣賞我的誠實和熱情；但事實完全相反。

軍中所有大小事都必須遵守規定。我的申請過程第一步是填寫一份簡單表格表達我的興趣。這沒什麼大不了，因為一堆人都這麼做。大多數的人都是簽個名，然後就這麼不管了，繼續做自己的工作，期待最好的結果。我填好表格後，養成了不斷追蹤口頭通知的習慣。

「什麼時候可以測試？我準備好了。」

「閉上嘴，放輕鬆，起司（我的綽號）。有消息會通知你。」

第二次去到伊拉克，時間是第一次部署的兩倍長（六個月而非三個月），整個過程更是艱辛許多。這些天來巴格達滿是都市戰火的煙硝味，自兩年前薩德爾市圍城開始後便是如此。這次特殊的部署讓我們成為喬治・W・布希總統在「伊拉克自由行動」期間命令進行的大規模美軍崛起之初的行動核心。表面上是為了幫助伊拉克政府穩定一個極為動亂的地區以及幫助當地居民免受反叛者的侵擾。

當時的巴格達是地球上最危險的地方之一，一個滿是恐怖分子和武裝反叛者熱氣蒸騰的污水池，而那些人和我們試圖保護的居民們看起來並無二致。這是一份令我大開眼界也是我真切渴望的工作。第一次行經薩德爾城時我們得不斷躲避路邊的應急爆炸裝置與開槍射擊，而我知道這正是一個屬於我的地方。我從未質疑這份工作的邏輯或政治性；我有任務在身，我會竭盡一切所能完成。我不是第一個這麼說的人，但我要再說一次：當你身為士兵，在地面上、在戰火中，不只是為了國家，同時也是為了在你身旁的同袍弟兄們而戰。在伊拉克與阿富汗之時，有幾次因為不斷改變的交戰規則使我們的任務難上加難，甚至是導致極大的困惑，但我們仍拚盡全力。

二〇〇六年末與二〇〇七年初我們在巴格達，進行一般的打仗與掃除高價值目標時擁有相當大的自由。我就像一塊海綿，每一天都在學習新的戰術，並執行一份我認為相當重要的工作——我在拯救生命。有時候，我在過程中殺人，但事情就是得如此。我不記得第一次殺人是什麼時候，甚至不能確定當時的我明白自己殺了人。跟阿富汗比起來，於巴格達的戰爭常常都更為混亂、失控，也更無人性可言。我們行駛過薩德爾市的同時一邊狙擊，有時還會掃射一整棟建築物。這些都不是精準有策略的攻擊；而是對於致命武力採取的適當回應，而我很確定對方的武力已經蕩然無存，我從未擔憂過這點。

我也沒有為那些導致死亡的行動感到煎熬。事實是，那是特種部隊的一部分：不只要支援陸軍，還要找出並殲滅美國情報局認為非常重要的目標，那些目標同時也威脅到了伊拉克居民與美軍。**目標**是個公正且仁慈的字眼。聽起來可以是座辦公大樓也可以是製造武器的基地。有時候確實是那樣。然而，對特種部隊而言。**目標**這個詞指的是一個人或一個群體——**壞蛋們**。

我們得知情報後出發尋找目標。通常是得挨家挨戶地找，有時還得進入上鎖或是嚴加防護的建築，看看當地人是否友善或是有幫助反叛者的嫌疑。有時候夜晚會悄悄安靜地結束，不帶一絲戰火。有時候有近距離的交戰。有時候過程很平順，只有幾聲槍響，全是出自我們這邊的槍。通常結果都是順利剷除目標。

其他時候，新的和意想不到的目標會在戰爭中或是戰略行動時突然現身。換句話說，這是一個連鎖反應。這是一個極具挑戰性的情況，因為此時需要的不僅是戰術技巧和打鬥的敏銳度，還要有迅速反應的能力，以及要有信心能夠做出重大且將影響很長一段時間的決策……以及致命的結果。

比方說，參與第四分隊第二次部署的某天一早，我身處於巴格達一棟建築的屋頂上，正在上頭勘查對街一棟大樓屋頂上的情勢。這是我們典型的工作方式：一組操作員會進入建築物，其中一兩位有翻譯員或是伊拉克士兵（其中一位「好人」）陪同的狙擊手會在另一處制高點把關。在伊拉克，戰爭如此激烈，任何建築物都不只是被反叛者佔領，同時間還有大量炸彈或是一旁探勘的狙擊手。建築物之外有其他雙眼睛看著必不可少，或是更多雙眼睛，好確保弟兄們的安全。

一開始一切都很平靜，直到伊拉克士兵叫了我的名字，情況才有所變化。我走向屋頂另一側。

「那裡。」他說，用手指著對面建築上一個身穿外出服的人，那個人正在屋頂上倉惶行走。

「你覺得呢？」我問。

伊拉克士兵搖搖頭。「不妙。」

我趴下，翻轉打開我的MK-12的三腳架，這是一把子彈為五・五六釐米非常可靠的半自動狙擊步槍，然後眼睛對準瞄準鏡。我看著瞄準鏡，接下來的一兩分鐘視線一直跟隨著他在屋頂上疾步行走的動作。某個時間點他掏出手機——通常這都不是好預兆，然後開始對著某人講話。他放下手機，又繼續在屋頂上徘徊。他走到邊緣處盯著底下的街道幾秒鐘，然後又轉身離開。

不論是以哪種合理的定義來看，他的行跡都很可疑。按照巴格達城鎮戰的標準，他的行為幾乎等同於需要大喊：「有麻煩！」的程度。我的弟兄們在那棟樓裡，我的職責是要保護他們讓他們安全地完成任務。情報局告訴我們那棟樓裡藏有很多反叛者，現在，就在那座屋頂上，有個穿著外出服的年輕人打了電話還緊張兮兮地審視底下的景況。他似乎異常不安——焦慮走動、身子越過矮小的頂樓圍牆、偷看大樓側面接著回到受庇護的地方，還打了電話。

當時在巴格達的反叛者採用的戰術是低科技含量的突擊——在載滿美軍士兵的悍馬車經過之時，從屋頂上投擲手榴彈，這很簡單……也粗暴有效。我不知道那傢伙身上有沒有藏手榴彈；從我這個制高點來看，雖然有高性能的瞄準鏡，也無法確實看清。我所知道的是，他可能將一箱手榴彈藏在我的視線範圍外。

任何事皆有可能。

我繼續等、繼續觀察，十字準線從未離開過他。我想了各種可能發生的場景。若我開槍狙擊，結果他只是個無辜的平民百姓，那後果將不堪設想。道德上來說，我當然不想射殺無辜市民。法律上來看，我會面臨相當嚴重的問題，導致整個軍隊都會受到打擊。無辜市民在錯的時間出現在錯的地方，因而慘遭殺害是一回事，比如說太接近爆炸現場。那很慘，但很不幸，戰爭期間有時就是這樣。雖然不是一定要接受此事，但卻比較容易解釋。

這些事並非總是非黑即白，戰火的混亂中總有偶爾幾次失誤。但海豹部隊接受了將此失誤降到最低的訓練；此外，我們接獲的情報往往非常可靠，帶來莫大的幫助。不過仍然有許多時候艱難的選擇是留給個人去面對，那人必須運用腦袋、經驗以及直覺，來做出正確的決策。

我還是年輕的新手；儘管如此，這是面臨抉擇的時候。這裡沒人得以讓我尋求建議。我接受的訓練告訴我要做出最精確的決定，並且承擔後果。

我扣下扳機，子彈像是定格般穿過幾百公尺的空氣。屋頂上的那人向下墜落。

這是我第一次的殺人經驗——或者說，至少是我敢確定的一次。沒有歡樂、沒有慶祝之類的玩意。在他落下的那瞬間，我為替弟兄剷除威脅感到如釋重負。但要是我不承認自己有點擔心做了錯誤的決定，那絕對是在說謊。

事情發生的剎那，我做了正確的抉擇。屋頂上那人顯然就是我們在找尋的目標。他得知我們的隊伍正在逼近，逃不出大樓的情況下只好衝向屋頂。我有必要射殺他嗎？可能有，也可能沒有。但倘若放過他導致的後果將是我的弟兄被手榴彈攻擊，那麼我很贊同這個決定。

彷彿是個額外獎勵，幾天後的早晨簡報會議上，其中一位軍營指揮官告訴我們，他是殺害多位美軍士兵的凶手；已經尋找他好一陣子了。

「謝謝你，」他說。「我代表大家致謝。幹得好，孩子。」

這結果令我感到好極了，這讓我在身為海豹一員的整個過程中，面臨艱難選擇時多了更多信心。總的來說，現在回首看來，那些沒開槍的決定反倒讓我懊惱到輾轉反側。

我真的很愛以海豹部隊身分參與部署。我發現這是一份刺激又高難度的工作——正是我先前花了多年時間接受訓練的目的。對我而言沒有所謂的道德模糊，我所共事過的海豹成員們也全是這麼想。我們是好人，他們是壞人。就這麼簡單。我射殺的那個人呢？若他擁有一半的機會，也會對我開槍。

殺戮是一名海豹條約中的一部分；事實上，是很大的一部分，我從未質疑這點。我們都很謹慎，將對市民和好人的傷害降到最低。殲滅兇手完全沒有讓我感到一絲不安，我看待目標的方式正是將他們視為隨意濫殺無辜的人（簡單來說，就是恐怖分子）；部署時沒有，回家後也沒有。

讓我心碎的是戰爭中面臨的或大或小的失去。朋友犧牲性命這點影響我最深，它伴隨了我好長一段時間。

海豹非常擅長他們的任務。一般來說他們比敵軍受過更多訓練、裝備更齊全，也更致力於理出個結果來。他們勝多於敗，人數不佔上風時亦然。然而有時候戰爭必然會面臨人員傷亡——包括特種部隊也是，沒有任何準備或訓練可以避免此憾事。第二次部署期間我學到了這項事實，我失去了一位摯友，特種部隊二級操作員喬瑟夫．C．施得勒。

我在BUD/S時認識了克拉奇（克拉克為他的中間名，大部分的人都叫他克拉奇）。我們都是二四六班的成員。克拉奇生長於密西根的水晶瀑布，加入海軍前就讀密西根州立大學。就跟我們一樣，他在報名那刻便清楚知道自己想成為海豹部隊的成員。他高中時期是橄欖球與籃球隊員，堅強、健壯、有幽默感且擁有堅定不移的精神。他不是那種尋求刺激的人，他是全心效力祖國的愛國者。他就是那種你想與之相處的積極正面的朋友，特別是在面臨BUD/S殘酷悲劇的時候。

克拉奇和我都被分配到位於維吉尼亞州的海豹第四分隊，雖然我們隸屬不同排，身處兩地，但去到伊拉克後我們仍是好友。他是個堅定、忠誠的人，非常能幹又有奉獻精神。但是爛事就這樣發生了，且有可能發生在任何人身上。

如同海豹第四分隊的其他成員，克拉奇也是於二〇〇七年四月初進行第二次部署，當時費盧傑附近有一架聯軍直升機遭到恐怖分子擊落，正巧發生在克拉奇那排駐守的地方。

此後不久，情報引領我們開始襲擊一間被反叛者佔據的房屋，這起攻擊的嫌疑犯就在那群人之中。這次襲擊沒什麼特別，我想大概只是強調了這份工作的危險性。正如於伊拉克常見的情形，該團隊遭遇了頑強抵抗，其中有一名槍手躲在上了鎖的門後。撞開門進入後，與槍手僵持的過程中對方幾度開槍，而其中一發打中了克拉奇。他幾乎是當場斃命。

克拉奇死亡那天，正巧是我父親的生日，這深深打擊了我，因為友情、因為海豹第四分隊的弟兄情誼，也因為這提醒了我生命竟是何等脆弱。我們並非無堅不摧。就算有了訓練和準備，即便還有那些科技和情報支持著我們，我們也仍舊會犯錯。這份工作危險又可能致命。但克拉奇的死並沒有撼動我的野心。若有什麼影響，就是他的死亡讓我更渴望為這份事業做出貢獻。我並不是要替他報仇之類的；我們所想的要更專業和務實。我們都知道這份工作的風險並毫無怨言地接受。因此雖然我為好友的死去悲痛萬分，但仍沒有氣餒。我比以往任何時刻都更渴望參與這場激烈的戰鬥。我想要參與最有機會能創造恆久改變的任務。

我想加入海豹X分隊。

第二次部署期間，我持續為此事感到痛苦。最終，有人相當明確地告訴我，我的堅持不懈已經被視為惱人的事情了。

「你再不住口，起司，就等著被排除在考慮名單之外。」

這是我最不願見到的，所以我把我的堅持降到了可接受的程度，但還是相當清楚地表明我的意願。我們的部署於五月結束，接著就回到了維吉尼亞。此時我開始意識到自己不會被列入篩選，不是因為我的表現，而是因為我是隊上一大群能幹的候選人之中年紀最小的。沒有空間容納所有的人，畢竟將團隊裡所有人都消耗掉非常不明智。得要有人留在後頭負責訓練新兵。軍隊裡有一套長幼尊卑制度，雖然有部分是取決於個人能力和表現，但也同樣會以年齡和經驗作為基準。即便我已參與了兩次部署，仍舊是那個第四分隊裡最年輕的傢伙。我能理解，也沒打算小題大作。若我只能等，那就等吧。終有一天會輪到我的。

幸運地，那天幾乎是立即到來。

第六章

沒有人會退出受訓隊伍。

嗯，事實當然不盡然——我敢說肯定有人會退出。但絕大部分擁有X部隊測試機會的海豹們在經過六個月的嚴格訓練後，就可以成為精英團隊的一分子，通常都不會自願退出。BUD/S涵蓋了數個月無止盡的體能與精神壓力；大部分受訓者根本沒法應付，他們自己也深知這點。他們要麼不夠渴望，要麼就是無法承受痛苦。不論是哪個，結果都一樣：退出。

受訓隊伍與一般隊伍不同。訓練強度相當猛烈，也非常嚴格沒錯，但對於實際表現的重視度也不亞於歷經的苦難程度。這些訓練全都是針對在部署中實際會應用到的技能而設計，目的不在於逼退受訓者，而是要決定誰才是最適合的人選。而因為所有加入受訓隊伍的人都已經理所當然地相當熟悉自己的工作，最少須擁有兩次戰鬥部署經驗的海豹們也已經證明了自己有能力承受為期六個月爛到底的BUD/S日子，因此海軍要做的是想辦法去蕪存菁。

他們透過無止盡的體能測試和多種形式的戰鬥及生存訓練做篩選，也有心理的測試，這些導致受訓隊伍的退出比例大約有百分之五、六十。但是在這裡，他們不是主動退出，而是被要求退出。

我於二〇〇七年秋天加入受訓隊伍。大多數的訓練在維吉尼亞進行，還有一些槍法訓練是在密西西比舉行。對我而言，受訓最困難的部分是知道自己沒法輕易到達終點。與在BUD/S時一樣，我低調的個性幫助我承受教練持續不斷的凌虐。壓力都是來自於試圖達到不同進階訓練所需的成績與時間限制，以及不知道自己身心狀態是否達標。我所能做的只有拚命努力、維持良好態度，還有希望不會被要求離開。

我從未被這樣要求。

六個月來到了尾聲，我自受訓隊伍畢業，成了海豹X分隊最年輕的成員之一。受訓隊伍的畢業生們會被分配到四個中隊的其中之一，不同中隊以顏色做區分。不論各中隊特殊的聲譽或專精的領域為何，所有隊員的身分首先都是名戰士：一名操作員。

中隊以和NFL或NBA選秀一般同樣神秘莫測的程序挑選新成員。畢業生們會被分配到哪裡取決於每個中隊的職缺與需求。個性和身體壯況也是考量的點，有時候早先擁有的人脈關係也很重要。我本來是任何任務都可接受，結果最後，我被分配到了能交到多位好朋友的中隊。

加入X分隊最棒的一件事——顯然從第一天就是如此——就是資源變多了。

簡單地說，就是有更多錢。這裡的意思不是指我們薪水比較高（略有增加，但我幾乎沒有留意也不在乎）。我指的是這顯然是一次晉級：我知道我們於部署期間都獲得了稱心如意的工作，也逮到了最重要的目標，但就算是跟在美國時相比，受訓隊伍也很明顯幾乎擁有一切需要的設備和資源，全部都是上等的。

若有什麼缺點，那就是我可以說是又回到了基層。隊伍中的新成員們都被分到很爛的工作，且工時也最長。第一個到，最後一個離開。關於這點，順帶一提，是理所當然的。我習慣了倒垃圾和打掃，在訓練過程中負責一些沒有人想做的事，以及做好任何分配給我的任務。我閉緊嘴巴、睜大雙眼。

訓練提供數不清的機會讓新人們找到方向，接著就會傾向於將心神專注在該項項目。比如說有人喜歡跳傘，其他人則喜歡狙擊訓練或攀爬。

而我喜歡狗。我是說，我也喜歡其他的訓練項目，但我總被狗狗吸引，其中最大的原因應該是好奇心作祟。

海豹部隊中工作犬的歷史可以追溯至越戰，但九一一事件後才被廣泛運用。由於伊拉克和阿富汗衝突不斷，居民社區內常埋有炸彈裝置和藏匿其中的目標，經過特殊訓練的軍用工作犬靈敏的嗅覺和兇猛的捕食本能不只很有用，更是無價之寶。因此，全球對狗隻的需求量很快地供不應求，導致特種部隊廣泛增設了訓練狗隻和馴犬師的項目。

海豹部隊不只是從其他管道獲得狗隻，還開始訓練自己專屬的狗，就跟軍隊多年來所做的一樣。一個小型的雛鳥計畫在我抵達維吉尼亞之前就已行之有年，特別設計來為海豹精英部隊提供戰鬥突擊犬。

雖然我從未在部署期間見過軍犬，但我在肯塔基州接受訓練時與牠們第一次互動後便留下了強烈的印象；而且，我猜，我的隊友們都沒有如我這般的感覺。肯定沒有人對犬隻訓練計畫抱有敵意——的確，人們越了解此計畫，欣賞之情就越強烈。但仍舊有一些人對更進一步的參與不特別感興趣。但為了融入隊伍，狗狗們必須要與人類同伴相處融洽，而我們，海豹們，在牠們身邊也必須感到自在。身為新成員之一，在這個降低敏感度的過程中，我參與的程度比隊中其他一些更資深的人還要多。

這都是些很基本的東西。我們會看馴犬師和狗狗一起訓練，然後輪流移動牠們，非常輕柔地帶領牠們走過場地，走過一個個士兵面前。有時候，我們在練習射擊時，狗狗會走到我們身邊，或是從我們兩腿間鑽過去。這是為了讓牠們以及我們自己模擬戰鬥時的狀況，如此一來面對槍響和炸藥時狗狗就不會驚慌，而能夠積極回應團隊裡的所有人。子彈飛過來時，你不會希望一條狗被嚇壞還咬了自己的人。

大家輪流，有些人勉強可以忍受，而其他人，像是我本人，都深受吸引。我並沒有打算要成為一位專業馴犬師，我比較傾向傳統的操作員，但我很喜歡狗的性情和模樣，也很好奇牠們在戰場上會如何表現。

二〇〇八年春天與夏初，我在下一次的部署中得到了答案。我們駐軍於坎大哈，但結果在外地執勤的時間跟在基地裡一樣多。完全可以想像這是一次跟先前與海豹第四分隊的兩次駐守相當不一樣的經驗。

首先，打鬥過程與之前的任務截然不同。在伊拉克，特別是巴格達，我們通常是快速跳上裝甲車穿越擁擠的城市街道。在阿富汗，我們在郊外和山區執行任務，或者是在小村莊穿梭，幾乎每晚都如此。

縱使山區人口相對稀少，這仍是相當繁忙的一次部署。有部分是因為我們這隊刻意要以看似永無止盡的高品質任務和高價值目標來保持活躍及展現自我。我們直到午後或傍晚才睡覺。接著我們會吃一頓豐盛的早餐或午餐、到健身房運動，然後等待下午的簡報，獲取下一起任務的詳細資訊。

每次任務通常都會儘早訂下部署的規則和節奏，而這次的部署從一開始就相當活躍。我們一週有四到五個晚上出任務，會有多個隊伍一起行動，每支隊伍都有六到七名突擊兵以及差不多人數的支援者。有時我們還需要長途跋涉，幾乎每一晚都必須待在外頭。

這些短暫的行程通常都不會是安靜且平淡。我們握有可靠的情報以及高速殲滅目標的能力。大部分的殲滅行動都是偷偷摸摸地近距離戰鬥，以將傷害到阿富汗居民以及我們自身的風險降到最低。這是很危險又激烈的工作，但也正是我們訓練的目的，而我發現這很振奮人心也大有收穫。

但奇怪的是：大多時候，出任務前我都不會感到緊張。這是工作，我認為自己已經做足了準備好盡我所能。有時我們必須飛行一個半小時，或是更久以到達特定高度準備開始夜間任務。在飛機上，有些人會聽音樂；有些人只是安靜思考；有些人會就著螢光棒閱讀。在直升機內因為噪音太大聲無法交談。非常多人一上機就直接睡著，數量很驚人。通常我也是其中之一。我講這些不是為了凸顯我們很堅韌，僅是作為展現隊上每個人的專業精神和性情的例子。我們將此視為職業，而非是在打電動或只是一場冒險。

若真有誘因讓我們變得過度自信或自滿，某些事情就會發生，提醒我們這種心態潛在的風險。那次部署我們中隊沒有損失任何人，但卻捲入了一起炮火交戰，我們和一隊游騎兵並肩作戰，其中一名游騎兵被反叛者殺害當場倒地不起。這是最危險的狀況之一，表示目標在警戒區外伺機而動，有草叢或樹木做掩護。通常這種情形發生時，反叛者不是戰士，而是成了自殺炸彈客。他知道自己就要死了，因此想盡量讓多點人同歸於盡。遇到這樣一個帶著炸彈或手榴彈的人，世界上任何訓練項目都救不了你。錯的地點、錯的時間。

在這種情況中，軍犬就是個珍貴的資產。

那次部署我們帶了兩隻狗，牠們名字分別是法爾克和巴爾托。每個夜晚，我看著牠們進行了不起的工作，接連地抓到或消滅壞蛋。我們幾乎可以帶牠們去到任何地方。若我們需要跳出在地面十五或三十公尺之上盤旋的直升機，馴犬師會將狗狗綁在他的繩索上一起跳下。若我們需要使用降落傘——次數不多，但偶爾需要，狗狗則會被套上胸帶、放在和馴犬師綁在一起的大袋子裡，然後一人一狗一起跳下。這畫面真是棒呆了，特別是狗狗永遠都那麼地鎮定。狗狗天生害怕又高又開闊的空間。比如說，有些狗沒能通過海豹部隊的訓練是由於爬上階梯時感到害怕的緣故。但就如同海豹候選人要麼克服恐懼症和弱點要麼退出BUD/S一樣，犬隻計畫的成員數量也會逐漸遞減。和海豹們一起在阿富汗部署的狗狗們都是精英中的精英。牠們的基因天賦異稟，性情也適合這份工作；不論牠們原本有什麼弱點，都已在訓練的過程中消失無蹤。

因此，要從高處跳下的時候，牠們說跳就跳，或者說牠們被抱起時沒有大驚小怪。

你必須每晚都親眼見識這些狗狗的能耐，才能真正讚賞牠們的貢獻。法爾克和巴爾托不只能嗅聞出炸彈裝置或在反叛者殺死我們隊員之前將他撲倒，還能夠被派去探堪建築物，牠們身上裝備的攝影機能夠追蹤所有動靜。這能讓我們知道進去後將會看見些什麼，也能夠將意外發生的可能性降到最低。狗狗不僅提供了清晰的結構圖、不斷找出壞人並將他們困在原地直到我們抵達，也名符其實地將那些人撕裂開來。因為反叛者通常都不願意透露方位，因此他們非必要的話不會對狗開槍。通常呢，他們試著扣扳機時，手臂或腿部已經被狗狗強而有力的大口緊緊咬住了。

我總覺得那些壞蛋反而比較怕狗而不是怕我們。看來應該是有充分的理由。

一開始我幾乎沒注意到狗。牠們只是安分地待在那裡，有時被廣泛運用並參與行動，有時則否。接著我開始多加留意，發現到牠們做的一些小事以及是何等地忠心又可靠。通常結束任務回來，我們會坐下就著幾杯啤酒的時間匯報狀況，那些故事包含了發生的爛事、消滅的目標、有驚無險之事等等。而總是會有人提到其中一隻狗。

「你有看到巴爾托做了什麼嗎，夥伴？」

「沒有，當時我在建築物另一側。怎麼了？」

「幾乎把反叛者的手臂整個咬斷。那傢伙毫無招架之力。」

有時候故事遠比制伏敵人更要戲劇性。比方說有一次，當我們一行人排成一列走過一片田野。狗狗在左邊尾端沒有人牽著，正積極地追尋一個氣味。牠很興奮，這通常是發現了某事的徵兆。此類狀況非常有可能是敵軍埋伏，因此狗狗的馴犬師下令牠往前跑。狗狗一路從左端衝到右端，疾步狂奔跑過我們整列人馬，去到一條林木線旁。牠倏然停步，接著猛力挖掘眼前的土地。一聲震耳又尖銳的哀嚎傳了出來。一堆雜草樹葉和其他廢物頓時傾倒，一位腳被狗狗咬住、手握 AK-47 的反叛者冒了出來。

他們離我們僅有幾公尺之遙。

我離事發現場有一大段距離，因此沒能看見事情是如何了結，但事發後有一堆人爭先恐後想講述這件事。狗狗撕咬那傢伙的腿時，那人稍微遲疑一下就讓自己成了一個近距離好解決的目標。他在距離我們幾步之遙外被射殺，整起任務的過程沒有任何意外，我們這邊也毫無傷亡。但要不是有狗狗的幫助，最終結果將會非常不一樣。我不知道反叛者死前會擊垮多少我們的人馬，但答案肯定不會是零。他有自動步槍，且距離近到可以在我們做出反應前迅速射出多發致命的子彈。

有時候，我們說狗狗拯救了我們的性命，這只是針對牠所做的事情概括性的描述。其他時候，這正是切切實實的字面含意。

「那隻狗剛救了我的性命！」

這次的特殊事件屬於第二類。

大多時候狗狗都是藉由揭露反叛者的方位並將對方制伏以幫助我們的工作更容易完成。事件發生時，馴犬師會讓狗狗開心地咬幾口，然後再用發射器或是口頭大喊把牠召回。狗狗安全歸來後，我們就可以從安全距離外投擲手榴彈消滅反叛者。

部署持續進行，我明白了狗狗以任何方式拯救人類性命並不罕見。四、五個月來我們每晚外出執勤，在大多數任務中與敵人正面交鋒，倖免於難的次數逐漸攀升。

我開始覺得法爾克和巴爾托不只是工具或武器，而是中隊的正式成員。我開始覺得牠們倆是這個家庭的一分子。

我不是在暗示說狗狗替我們做了所有骯髒的工作；牠們是軍備箱中額外的工具，相當高效率的工具。牠們是如此可靠，事實上，我們有時得提醒自己不要因為狗狗做了什麼事情而打破規定。例如，就說我們用狗狗來探勘房屋吧。我們會先讓狗狗進去檢查一輪。若沒發現異樣，也不代表房子或某個特定房間是空的：牠們並非萬無一失，有時可能會被外在因素干擾：奇怪的噪音或不尋常的氣味。家畜是個一直存在的問題，因為很多阿富汗的院落都擠滿了狗、羊、雞等等動物。

若狗探查完畢後沒有偵測到任何東西，我們就按照程序重複一次。儘管根據訓練和經驗，若是如此我們就當作狗狗沒有檢查過建築物，繼續下一步動作——換句話說，每間房間可能都躲有手握槍枝或炸彈的人——我仍不能否認法爾克和巴爾托沒搜出任何東西讓我有了一絲安全無害的感覺。那不會改變我工作的方式，但能使人放心。如我所說，狗狗不是完美的，但牠們犯錯的次數很少。

對我來說，更大的風險是有可能會被狗狗的行動吸引目光而暫時忘了份內的工作。事實是：看著狗狗攻擊一個壞蛋是種很棒的享受，毫不費力地就戰勝了一個佔有五十公斤優勢的人。在此之前我就有被警告過這點了；所有人都一樣。

「不要盯著狗看，」我們被這麼告知。「我知道那很有趣。我知道那很迷人。但卻是危險至極。做你們該做的事。」

那次部署，我不只一次偷偷瞥了某個壞蛋被打垮，在法爾克和巴爾托撕裂他的肉體時嘶聲力竭地吶喊。我沒有停下工作，但花了幾秒鐘欣賞眼前這有力又殘暴的一幕，怎能錯過這好戲呢？

這些狗狗是戰鬥和追蹤機器，但牠們也可以可愛到爆。巴爾托的馴犬師還真的教牠開門欸！那是個騙人的伎倆，但也真的嚇到了大家。有些狗比較熱情——就跟人一樣，每隻狗都有自己的個性和脾氣——但總體而言，任務結束後，我們可以放心地跟每隻狗一起到處逛逛。牠們是工具，沒錯。牠們是武器。但牠們同時也是……狗。若你跟我一樣愛狗，就很有可能深深愛上牠們。牠們也是如此忠誠又可靠的士兵，這樣的事實更加鞏固了我們之間的情感。

有時候，如果事情進展順利，我們就可以聽到更多故事內容。就用部署初期的某個晚上我們在一座院落工作的經過當作例子吧。我們獲取情報說我們的目標——一個男子——躲在這座院落的某處，所以我們在外圍緩慢行動，並進去每一間屋舍查看。每次任務都不同，儘管情報通常都很正確，但我們都要等到進入建築物後才能找到目標。我們可能是在找一個三十多歲的獨居男子，然後發現屋裡還有一堆他的朋友，全部人都全副武裝一副甘願赴死的樣子。或者我們也可能什麼都沒找到。撲空的情況很常見，但你必須將每次任務都視為可能致命的行動。畢竟誰也說不準。

我們全都學會如何訪問當地人，因為壞蛋常常都被藏匿於居民家中。當地人通常都很討厭反叛者，他們的存在使本地人的生活變得複雜又危險，但其中也有恐懼的成分。當地人太害怕不好的後果，他們不會輕易坦承有壞人躲在他們家裡這項事實。我們學會問對的問題以及從捏造的謊言中分辨出真相，不過這是一段持續不止的鬥爭。有些阿富汗人很歡迎我們；有些人討厭我們的程度幾乎跟厭惡反叛者一樣高，甚至更強烈。

我們永遠不知道該信任誰，所以到了最後，主要都是依靠直覺。狗狗在這方面幫了非常大的忙，因為牠們不會因為廣泛的訪問和邏輯方面的後勤作業而感到厭倦。鬆開牽繩讓牠們去搜索，有時結果非常驚人。這特別的一天就是其中一個例子。我們緩慢且有條理地全面搜索，請居民們離開他們的房間，其中大部分的房子都沒有門，或是門戶大開，一開始大家都很配合，所有人都在我們走過寬敞的庭院時魚貫走到院落中央，雙手舉起，不搗亂也沒反抗。搜索快結束時，有一道門廊還被簾幕蓋著。

我們詢問裡頭是否有人，其中一些人堅定地點點頭。

「出來！」我們大吼。（雖然我們通常都有口譯員陪同，但大多數人還是精通一些普什圖語指令：「停下！」「出來！」「別當該死的蠢貨！」）

沒有回應。

通常我們不會吼第二次。通常裡面的人拒絕服從命令就代表了他是我們的目標或是另一個壞人。無論是哪種情況，那人都是官方認定的危險分子。下一步即是增強武力：比如說閃光彈。或是……

「馬上出來，不然要放狗了。」

還是沒回應。隊長對法爾克的馴犬師法蘭克點點頭。法蘭克解開牽繩（跟馴犬師的腰帶扣在一起的皮帶），法爾克立即拔腿向前。不出幾秒牠便跑到門廊前，緊接而來的是信號——男人的尖叫聲。通常馴犬師會讓此情況持續一小段時間，然後操作員才跟著進去房裡確保目標還沒被殺死（理想狀況是他之後得接受審訊）；更重要的是，確保狗狗沒有被傷害。有些狗，特別是新加入的，會比較好鬥。牠們只要一逮到機會就會大肆啃咬一番。其他的狗則比較喜歡「吠叫和牽制」，意思是牠們會將壞人逼退牆角，嚇得對方動彈不得。危險的是手持武器的反叛者可能會開槍射擊僅是吠叫牽制而沒有開口撕咬的狗。一開始，法爾克傾向只以吼叫聲嚇退敵人，但牠的這個技能已經被訓練地爐火純青，使牠無庸置疑成了一頭猛獸——完全是字面上的這個意思。

在所有人做出反應之前，法爾克將目標從房裡拖到門廊上。那男人被制伏住側躺在地，肩膀上是緊壓住他不放的法爾克。但法爾克不只是將那人壓在地上，還慢慢用猛然爆發的強大力量將那人往後猛拽。

我們完全沒有出手干預，只是站在原地驚奇地看著眼前這場怪異的人狗拖拉遊戲。那人大聲尖叫且猛打法爾克，但每一次設法掙脫束縛的動作都只是加深了法爾克的決心還有牠啃咬的力道。鮮血自那男人的手臂中淋漓而下，而他試著用雙腳阻撓法爾克將他送到我們面前。法爾克的決心另外還提供了我們一個機會可以全面了解這個反叛者，也能看清楚他是否有穿自殺式炸彈背心——敵人的一種戰術，很不幸的，在阿富汗的任務中經常遇到，但他別無選擇。法爾克咬著他不斷倒退，肌肉發達的身體離地面僅僅幾公分，好獲得最大程度的槓桿作用，最後，他們在我們這一排士兵面前停了下來。法爾克鬆口後回到法蘭克身邊，反叛者則是砰一聲轟然倒地，鮮血自他的手臂汩汩流出，嘴裡發出痛苦疲憊交雜的嗚咽聲。

好孩子！

部署進行到差不多一半時，我決定要當個馴犬師。這不是一個草率的決定，因為狗狗是我們工作中非常重要的一環——再進一步講，牠們的馴犬師同等重要。這份工作和我過去有過的經驗截然不同，也和我所認為的海豹部隊角色大相徑庭。

不是每個人都想當馴犬師。首先，你必須非常愛狗。再來，你必須接受自己只是個輔助角色的事實。最重要的一點是，不像其他隊員，一名馴犬師必須要無時無刻管理並照料他的狗，同時間也得身負狙擊手的重任，這是一份相當艱鉅複雜的工作。沒錯，法蘭克一鬆開法爾克，狗也成了另一名士兵，全副武裝即刻應戰。然而，法蘭克也必須要在這兩項須優先考慮的事情中取得平衡：戰鬥和照顧法爾克。馴犬師很少會是優先進入房間的人，大多時間他都是待在外頭，跟在狗狗的四周。這份工作跟出任務時的其他工作同等重要。

但是，毫無疑問，**非常不同**。

不只如此，馴犬師的責任似乎漫無邊界。操作員（或者「突擊者」，通常我們這麼稱呼）結束任務後會保養他們的裝備和處理工作相關的義務，接著晃一晃休息。而馴犬師呢……嗯，他必須全年無休照顧狗狗。有些人，比如法蘭克就非常熱衷於此。法蘭克是海軍防衛專家而非海豹，但他對狗狗瞭若指掌，同時又能熟練地應付戰火。必須平衡這兩項責任令我相當感興趣。其他人呢？倒是還好。大部分的人會看著法蘭克（或是某個海豹的馴犬師）心想：**你真是他媽的瘋了**。

我們全都很感激中隊裡有法爾克和巴爾托，也都非常敬重法蘭克相當盡責地確保法爾克足夠強壯也訓練有素地隨時能夠應戰——以及帶領牠進入戰鬥狀態。

但千萬別誤會了：幾乎沒有人想和法蘭克對調身分。**幾乎**。

部署持續進行，我多花了大把時間和狗狗在一起，特別是法爾克，單純是因為我很喜歡牠的個性。我也知道法蘭克正計畫要在這次部署結束後卸下主要馴犬師的身分，也就是說法爾克需要一名新的同伴。我花了很多時間和法蘭克及法爾克一起在外頭逛逛，看看他們倆是如何一起工作和訓練，不久後，我便決定要成為一名馴犬師。不只是因為我相當著迷這份工作和非常愛狗——同時也因為我認為若之後成了隊長，這會是一個很棒的經驗。戰鬥突擊犬已經完全成為海豹部隊的一分子，往後將一直如此。一位好的隊長必須完全了解且欣賞狗狗和馴犬師付出的貢獻。

法蘭克很欣賞我想承擔這份責任的想法，因為他想將他的狗交給有能力的人。其他人知道我申請這份工作後全樂歪了……因為，嗯，必須要有個人接手，而他們顯然不是那群人之一。

在部署後期的一天晚上，我們正在出任務。如同大多數經驗，我們分為兩支突擊隊伍兵分兩路，同時追捕不同的目標。那晚我跟法蘭克不同隊，因此沒能看見事發經過，但之後聽聞了這則故事。聽說法爾克抓到了一個躲在溝渠裡的人，準備要衝進去來個伏擊。如同先前的訓練，牠撲上那人並立即咬住手臂，使得對方痛苦哀嚎且動彈不得。不幸的是，那人有同夥。這正是狗狗面臨的最危險狀況：面臨多個目標。如此情況下，法爾克按照訓練內容制伏了第一人，全心全意完成工作，同時間第二人卻對牠開了好幾槍。

隊中的大夥們立即採取行動將兩名反叛者殺了，但卻沒能來得及阻止法爾克受重傷。我抵達現場後恰好看見牠被抬上直升機，而牠已經死亡。失去法爾克重擊了我，法蘭克更是難以承受。他徹底崩潰，彷彿死去的是家人或是同袍。某方面來說，確實是如此。

如同士兵死去一般，我們在基地替法爾克辦了一場追思會。（後來，用以紀念牠的銅牌永久展示於維吉尼亞州。）法蘭克與士官長都起身說了幾句話，現場滿是淚水與致敬。之後，我們做了我們也為弟兄們做的事：講述法爾克是多麼棒的一位朋友和士兵。我們說著故事。我們以牠之名分享了蛋糕。我們慶祝牠的一生和職涯。我們的笑聲多於淚水。

我們向牠道別。

法爾克火化後，骨灰被存在於一個彈藥罐中交由法蘭克保管。他們一起回家了。

第七章

要維持一個自給自足的犬隻計畫，第一步，同時也是最重要的步驟便是採購犬隻。這聽起來很理所當然，卻是相當艱難的一步，因為最適合作為軍犬的狗，尤其是海豹部隊所需的戰鬥突擊犬所需的要求與技術都更高，在當地的繁殖場並不容易找到。海豹部隊要的是精英中的精英，與人類相等的最傑出動物。在美國肯定能夠在特定的繁殖場和訓練機構找到優秀的狗。由於軍犬已是執法機構和軍隊的固定成員，此行業如雨後春筍般冒出，供應商和教練們不斷提供聰明又能幹的狗給廣大的客戶群。這些狗之中有些是土生土長的，但絕大多數並非如此。

若你想要一隻可以往回追溯好幾代血統最純正的狗——擁有非凡能力和性情，可能產出軍犬的血統，那麼你就必須到歐洲去找，像是比利時或荷蘭，這裡的工作犬繁殖與訓練長期以來一直都被視為一種企業、一種運動或是愛好。

現今大部分被帶回美國用於執法單位或軍隊的狗都是體育項目的產物，像是德國的護衛犬賽（Schutzhund）或是荷蘭的皇家警犬競技賽（KNPV）。這些狗已獲得證書證明牠們擁有追蹤、啃咬、探測氣味以及無條件遵循指令的能力。

並不是一買到狗就可以立即參與部署，但可以肯定這些狗已經具備邁向成功所需的基本特質和基礎訓練。牠們不是需要從頭開始培訓的幼犬，大多數在被美國客戶購買前就已是二或三歲的成犬。多方面看來，牠們跟特種部隊的人類夥伴們正好處於同一個發展階段：青春期晚期或成年的初期。牠們強壯、健康，並且準備好要成為一項獨特的資產。

這些狗並不便宜，但在一開始，至少不算是高價到讓人負擔不起。一隻擁有純正血統的瑪利諾幼犬價格最貴是兩千歐元，但實際上通常是便宜許多。若幼犬成長為一條擁有多個證書和獎盃的成犬，那麼在賣給美國的買家前，牠的價格將會大幅翻漲四倍。

大多數戰鬥突擊犬都是在為期兩至三週的歐洲短期旅程期間購得。這些行程完全跟度假八竿子打不著。相反地，這些都是行遍數百公里，在多個國家進行的瘋狂又累人的冒險，這中途會參訪多間私人俱樂部和繁殖場，最終買家會替軍隊中以及執法機構的客戶購得多達五十隻合適的狗，有時也會提供給私人買家以及政府的保全人員。

我認識開羅的幾個月前，牠就已被位於南加州的阿德霍斯特企業的父子檔戴夫．雷佛以及麥可．雷佛於歐洲採購行程間購得，此公司專門替警察與軍隊提供警犬和軍犬，同時也替私人買家服務。戴夫於一九七〇年代中期創立公司；麥可於二〇〇四年出國，隨後服役於美國陸軍。有時候，阿德霍斯特的人會獨自進行此種採購之旅；他們喜歡輕裝上路且步調快速的行程，允許客戶一同前往可能會使事情變得複雜，也會拖慢大家的腳步。但軍方的客戶例外，「因為這是正確的事情。」麥可．雷佛這麼說。雷佛父子很清楚該尋找哪一種狗，因此不會浪費時間糾結到底該不該花錢。實際上，他們的方法很有效，不只是對他們自己有益，參與過程的所有人也同樣受益。

畢竟這是個賣方市場，若你去到一個地方那裡有八條狗，你在每一隻狗身上都花了幾個小時，那麼這大概是你最後一次踏進這種特殊俱樂部和繁殖場的機會。總地來說，雷佛父子僅花十到十五分鐘在每條狗身上，他們不只是仰賴繁殖場的聲譽和大量的文件與證書，同時也盡可能以自己的能力測試犬隻。

這聽起來好像很矛盾——盡可能測試狗隻，在短短十到十五分鐘的時間裡——這個嘛，只要買家知道自己在幹麼就夠了。

最單純又最可靠的測試不僅是考驗牠們的本能或追蹤、探測氣味的能力，而是更深層的東西：狗狗們的心。麥可和戴夫．雷佛穿上防咬裝後走到一個僻靜的地點，躲在某棟建築或是濃密樹林的一角。接下來狗狗被放出，聽從指令追蹤目標。通常牠們很快就能找到，或者至少能走到周圍地區，然而一旦找到目標，牠眼前的對手可不像先前受訓時遇到的人那般安分。

「狗狗來到幾公尺之內後，在牠開口啃咬前，我會輕輕戳一下牠的鼻子，好了解牠會如何反應，」麥可說。「不會很用力，不會傷到牠，但確實會促使牠站起身。那正是我們想見到的。我們想看牠如何應對這種挑釁。若繼續前進張口攻擊，那就太完美了。若牠遠離我腳邊十五公分，大聲吠叫以示爭取第二次攻擊機會，那也行。但若是牠逃離了六公尺，那就難了。這代表牠應付不來此種程度的攻擊。」

戳鼻測試可能不是完美的測驗方法，但用來測試狗狗的戰鬥本能卻很有效。只要狗狗具有這種本能且又是頂尖的歐洲品種，那麼其他本領都可以之後再教。當然了，這不能保證一切。有時一隻狗在俱樂部裡表現得很棒，具有無可挑剔的血統和履歷，面對戳鼻測試時展現出天生鬥士的風範。之後，不知何種原因，到了加州或維吉尼亞州或其他任何地方後卻完全變了一個樣，只得接受更進一步的測試然後被淘汰。

「確實有這種事，」雷佛說。「我們有時候會買到不適任的狗。但幸好這樣的比例不是太高。」

二〇〇八年五月，兩位軍方客戶之一的唐·克里斯蒂也抱持著同樣的希望（另一位是加拿大特種部隊的代表），他加入了阿德霍斯特的歐洲採購之旅。曾在伊利諾州庫克縣警局擔任中士的克里斯蒂任職於一間與海軍簽約的公司，負責進行維吉尼亞州的海豹部隊精英犬隻計畫。克里斯蒂的雇主授權他可以從阿德霍斯特的庫存犬之中購買數量無上限的狗；他一起到了那裡仔細看看那些狗，並親自觀看阿德霍斯特的挑選流程。

抵達荷蘭的第一天，這群人從奧斯楚特的飯店去到位於貝斯特鄉間的 KNPV 犬隻俱樂部，兩地相距不到十公里。雷佛父子立即著手進行評估與測試狗的工作，同時間克里斯蒂和加拿大代表在一旁觀看做筆記。

大部分的狗不是德國牧羊犬就是比利時瑪利諾犬，還有夾雜了一些荷蘭牧羊犬。全部的狗都身材勻稱且運動能力極佳。牠們全都經過訓練。挑選程序開始後，克里斯蒂和加拿大代表加入了阿德霍斯特的行列，其他私人客戶和俱樂部管理人員組成另一小隊。他們看著狗狗候選者們展現追蹤與偵測氣味的好本領，每隻狗的技能似乎都不相上下——也就是說，牠們都具備勝任工作的能力；而其中有幾隻特別傑出。

下一步開始測試個性。戴夫・雷佛穿上防咬裝，開始把自己變成人體誘餌這項吃力不討好的任務。這測試大部分的狗都表現得不錯，不過其中有些特別優秀。阿德霍斯特小隊評估的大約十二隻狗之中，其中有隻特別引人注目的瑪利諾幼犬名為開羅，年紀大約二到三歲之間，是所有狗之中意志最為堅定的攻擊者，也是最有前途的候選者之一。

開羅的履歷證明牠的認證測試成績超乎尋常的好，然而，這些終究只是數字。牠身形健壯、正值青春期、大約三十公斤重、牙齒良好、顯眼的耳朵沒有內外翻，再加上一身濃密健康的毛髮。牠的毛色比一般瑪利諾犬來得深：紅褐色的毛皮，腿部與軀幹遍布黑色斑點，頭部的色澤至口鼻部分逐漸加深。牠棕色的大眼又亮又機靈，裡面寫滿著想要工作的渴望。

「牠看起來很棒，」唐・克里斯蒂回憶道。「但以同個標準來看，牠們的外型全都很棒。你要試著不被審美觀主導。」

事實上，開羅是一隻「混血瑪利諾犬」，而非純種，這血統的古怪之處可能會導致牠無法參與某些競賽。牠看起來就像是瑪利諾犬和牧羊犬的混種，顏色則像是荷蘭牧羊犬。這些並不能代表什麼。開羅並不是秀場的狗，而是一隻工作犬，牠的工作能力非比尋常。然而以各方面來說牠的外型都有點獨特，而當天的表現也相當不凡。

「開羅非常強壯，」克里斯蒂說。「我記得牠非常冷靜地咬著防咬裝，完全沒有鬆口。戴夫．雷佛試著甩開，但開羅死命緊咬。在這樣的啃咬測試中，你要對狗大吼尖叫；你要戳牠——不是傷害牠，當然，只是為了勸退牠。而開羅相當頑強。」

這組成員從那間俱樂部中選了幾條狗。開羅是其中之一。牠被放置於外出籠，跟買家一起坐上休旅車。下一站是下一間俱樂部，下一座城鎮……隨後又是一座座不同的城鎮和俱樂部……持續了大約兩個禮拜。這趟旅程結束前，阿德霍斯特大約購得了三十至三十五隻狗。唐．克里斯蒂獲得了最傑出的那隻。他總共挑了八隻，包括比利時瑪利諾犬開羅。那些狗分別花費了大約一萬美金，全被送往維吉尼亞州開始接受成為戰鬥突擊犬的訓練。

這批狗大多是比利時瑪利諾犬；其中有少數幾隻是荷蘭牧羊犬；德國牧羊犬數量為零。這三種品種都聰明且運動能力極佳，但瑪利諾犬是其中體型最小、運動神經最發達的，這至少可以說是最受司法機構和軍隊歡迎的部分原因。如同德國牧羊犬，瑪利諾犬的外型相當令人印象深刻。牠的外表可以嚇退那些打算犯法的人，也讓安份守法的人感到放心。這兩個品種在司法界相當管用，比方說用於巡邏和維持大眾秩序。德國牧羊犬和瑪利諾犬偵測特定氣味的能力都無與倫比。所有狗隻的嗅覺能力都遠遠超乎人類的想像；牠們的嗅覺遠比我們靈敏上萬倍。但所有的狗之中，德國牧羊犬和比利時瑪利諾犬在這方面的能力排行近乎第一。根據美國犬業俱樂部的資料，瑪利諾犬的嗅覺能力在所有品種中排行第六；德國牧羊犬第四，只稍稍比以下三種獵犬與警犬遜色：米格魯、巴吉度獵犬以及尋血獵犬。

毫無疑問，你不會想帶米格魯上戰場，更別說是腳程慢的巴吉度獵犬了。牠們特殊的技能不可或缺，氣味偵查為其一，但天生的生理狀況也包括在內。很長一段時間，德國牧羊犬是警界與軍犬的標準，但基於多個原因，包含了實用性，此品種後來被瑪利諾犬超越。瑪利諾犬的優勢在於體型大小與適應力，確實具有因體型小而更靈活的優勢，然而講到腦力與力氣，和德國牧羊犬相比則遜色不少。比利時瑪利諾犬是為軍事用途量身打造的狗，特別是針對特種部隊經常進行的任務。不過此兩品種偵查出炸彈和人類目標的能力都相當可靠，瑪利諾犬更快更穩定，完全歸功於牠小體積與更密實的肌肉組織。這更適合用來跋涉過崎嶇不平的地形，再者，若有必要，也更容易運送。

簡單來說，帶著一頭三十公斤重的瑪利諾犬比帶一頭四十公斤重的德國牧羊犬容易，帶著其中一種跳機或是從直升機內拉繩垂降時就更不用說了。

此外，比利時瑪利諾犬被證明是個相當健康的品種，完全沒有長久以來困擾著德國牧羊犬的關節與骨骼問題，而軍事工作的壓力無疑會加劇這類問題。牠們都是很棒的狗，但瑪利諾犬更能勝任這類嚴苛的工作，因此投資起來更為安全。基於一些同樣的原因，荷蘭牧羊犬的體型與瑪利諾犬相似，也相當適合軍隊。

他們一抵達維吉尼亞州，克里斯蒂和他先前擔任洛杉磯警局馴犬師的訓練同伴吉姆・哈格帝立即讓八隻狗接受一連串的訓練，不僅要進一步確認牠們的技能和適應性，同時也要確保牠們能擔任海豹部隊戰鬥突擊犬的可能。教練讓狗狗經歷一系列運動及多種地形的障礙賽跑。他們在狗狗面前製造槍響與其他爆炸聲——大多數「普通狗」都很討厭大聲的噪音，且往後一聽到類似爆炸的聲音就會非常不安；隨便問一個家裡有養狗的人，他們的狗在七月四日國慶大典後，只要一聽到雷聲或鄰居發出的聲響就會瑟縮在角落好幾天。透過繁殖以及去敏感化的程序，軍犬聽到巨大聲響或是有時伴隨著牠們、突如其來的電光石火聲響時比較不會受到驚嚇。然而，一兩道閃電雷擊跟戰火並不同。這些狗面臨任何可能引發焦慮的情況下，都必須維持堅定不移的態度。

即便一隻狗偵查氣味、追蹤與啃咬的能力都非常傑出，若第一次聽到槍聲後變得非常神經質，那麼這些能力也是毫無用武之地，所以在一開始就必須弄清楚每隻狗的精神狀態。這一批八隻狗全部都通過了初步篩選程序（除了某一隻，其他都將服役於X分隊）。

接下來為期六到八週的測試與訓練期間，很明顯所有狗都非常優秀，但其中有某幾隻更是脫穎而出。

其中一隻便是開羅。

「牠大概是八隻狗之中的前三名，」唐・克里斯蒂回憶。

除了氣味偵查與啃咬能力等基本技能相當傑出外，開羅非比尋常的神態舉止更是讓訓練師驚豔。面對槍響與爆炸牠聞風不動；牠可以毫不猶豫就跑上好幾段樓梯。這聽起來可能只是小事，但事實上，這對最強健的工作犬來說也有可能是一大心理障礙。牠們天生不信任樓梯，特別是開放式的台階，這對牠們而言神秘又危險。狗狗開始接受軍犬訓練時，沒有什麼機會接觸到樓梯，特別是那種在阿富汗或伊拉克部署時、或是在都市替警方工作時會遇到的台階。有些狗面對台階時會猶豫，有些爬到一半便止步不前，有些爬到頂端後會拒絕下來。海豹在任務執行期間不會接受這些反應。

開羅，無論原因為何，上下樓梯完全沒有障礙。就算是背後一片開闊，陡峭又陰森的台階直通地面，牠也泰然自若。

雖然討人喜歡並不是這份工作的先決條件（有些很有天分的狗，就跟有才華的人一樣都很愛生氣，至少可以這麼說），開羅也有自己的脾性，和善但不會吵鬧，相當受到教練的喜愛。

「開羅是個寶貝，」克里斯蒂回憶道。「一隻非常特別的狗——正是繁殖這些狗們一個很好的例子。牠強壯又熱情，而且牠真的很……快樂。」

第八章

開羅並不是我的首選。我應該要老實說出這點。

我們於二〇〇八年初次見面。當時我剛結束部署，休了幾天假並在中隊裡訓練了一下，正準備開始接觸馴犬師這個全新的角色。我沒有太多時間熟悉這個新職位或是好好認識我的狗狗同伴。並不是說我想走捷徑，但在特種部隊通常都是如此，沒有所謂手把手的引導和照料。不論哪種工作，我們都必須要迅速且完全接納它。我自願要成為一名馴犬師，因此也需要這麼做。

當然了，身為馴犬師並不是我唯一的責任；只是其中之一。我明白，這可能是大家對這工作沒興趣的原因之一：非常耗時，且並沒有減少我在中隊裡的其他訓練。但沒關係。若成為馴犬師的代價是要付出更長時間，我非常樂意進行這項投資。該死，我並沒有特別忙碌的社交生活。我是個年輕單身漢。沒有小孩。甚至也沒有認真的交往對象。我的意思是，我有些女朋友，一個接一個，挺多的，但每段感情都沒有持續太久。

我知道有些人在海豹部隊期間有穩定交往的對象，甚至有些人已婚，但坦白說，我不太確定他們是如何辦到的。這工作危險又耗費精力，很長一段時間都必須遠離家園。顯然這對所有軍人的家庭和家人都是一大挑戰，但我認為對特種部隊而言更是雪上加霜。不只是危險性和長時間分隔兩地，保密協定更是一大因素。有些事情，像是任務的細節、你殺的人、你失去的戰友……這些都不能與他人分享，戀人或配偶都不行。

有些人辦得到。他們大多比較年長，我想他們的另一半肯定都很有耐心也很善解人意，而我呢？我還沒準備好應付這一切。我很清楚當時何謂生命中重要的事，我不願意為了其他人妥協。

不管一天是要工作十小時或十二小時完全困擾不了我。我熱愛美國海軍特種作戰開發群（DEVGRU）的一切——訓練、旅行、部署、打仗。我敏銳地意識到我早已戰勝了那長久且艱辛的困難。我這個人，沒有任何軍事背景，沒有特別傑出的學術或體育成就，而我成了世界上最傑出的特種部隊分隊其中一員。我藉由拚命工作、拒絕退出以及盡我所能完成所有任務來達到這一成就。千萬別誤會，我確實為此感到驕傲；我相信這是我應得的，但有時候我看一看周遭的隊友們，總會忍不住思考他們所做的工作以及他們參與的任務，在超過十年或是更長一段時間內遍佈全球，這讓我不禁這麼想：老兄，我啥也沒幹。能站在這裡純粹是運氣。

成為馴犬師便有機會做點特別的事。對我來說，這角色彷彿能夠直搗海豹部隊的核心。這或許不是最受關注或最刺激的工作，但在阿富汗見識了法爾克和巴爾托三番兩次拯救我們之後，我知道這份工作是何等重要。我也認為這是一份很酷炫的任務。我喜歡狗，牠們在特種部隊中發揮的廣大作用使我著迷不已，而我期望自己也能是那廣大作用的一分子。那年夏天在我加入維吉尼亞州第一階段訓練之前，就很興奮有機會成為一名馴犬師。然後一遇見狗，我更是興奮地難以自拔。

為期半天的訓練介紹於基地附近舉行。這兩個月的大部分時間裡，教練們與這八隻狗一同工作，準備將牠們打造成海豹部隊一員，將牠們分配給操作員或是士官長。大致上來說，每隻狗可能都有最合適的馴犬師。在那之前我就知道，身在海豹部隊，我可以自己做選擇，或者至少可以選到我心目中的前幾名。說真的，牠們全都看起來很棒。我是說，當時我一點也不了解工作犬，但當時牠們看起來都是非常優秀的品種。

與法爾克和巴爾托共事過後，我在狗狗們身邊感到相當自在，但在牠們被放出外出籠前，我們都已經大致了解這項計畫，包括牠們將接受的訓練以及一個小提醒，那就是雖然牠們是相當迷人的動物，但同時也具有攻擊性，且不像法爾克和巴爾托，牠們還很年輕，還沒完全適應軍中生活。

「我不會嘗試拍拍牠們的頭或是做其他動作，」其中一位教練說。「把牠們想成武器，而非寵物。要尊重牠們。」

我覺得這有點好笑，但肯定是個不可或缺的告誡。比利時瑪利諾犬和德國牧羊犬與我們相見那天看起來美麗又迷人，但我們必須將牠們倆看作武器，而非單純的狗。身為一個成長過程有狗狗陪伴的人——大多是那種龐大、堅韌、強壯，很多人會害怕的狗，我的直覺便是要和狗狗們當朋友。我很習慣看起來兇猛但實際上牙齒的力量遠不及吠叫聲的那種狗。但現在的情況恰恰相反；從任何客觀的角度來看，牠們全是漂亮的狗，且大多數看上去還不如鬥牛犬有氣勢。然而美麗的外表之下，藏著的是一顆戰士的內心。我們被告知，這裡的每一隻狗都是非常兇猛的鬥士，全都擁有非凡的獵物驅動性。的確，訓練過程中當有人施予刺激時牠們會做出最棒的反應，但同時牠們也確實需要嚴格的管教。

簡單地說，你必須讓牠們知道誰才是老大，但你要做的不是蹲下來搔搔牠們的耳後或是把牠們當成小嬰兒般低語呢喃。總之剛開始不能這樣。不誇張，不想丟臉就別這麼做。

大部分午後，我們都只是乖乖當個觀眾，看著新的這群狗狗以令人驚異的步伐跑過一系列訓練場。訓練場地包含一系列光線昏暗的地堡。每隻狗分別被提供了不同人的氣味，被放進錯綜複雜的地堡中展開搜尋。最後，成功的話，狗狗會找到身穿防咬裝的人，獎賞是可以縱情啃咬幾分鐘，直到牠的馴犬師宣布攻擊結束為止。部署時我已經見識過法爾克和巴爾托多次在艱困的情勢下展現此種壯舉，因此，狗狗可以如此迅速地追捕到獵物且能發動如此兇猛的攻勢我一點也不感到驚訝。但看到牠們在如此年幼時就開始工作、學習技術，還是令我印象深刻。

我記得只有一隻狗有點不甘願或是難以掌控——事實上，後來牠被海豹部隊計畫淘汰，最終服務於司法機構。其他全都表現優秀也渴望工作。話雖如此，有兩隻狗可以說是獨領風騷。一隻叫布朗克；另一隻名為開羅。表面上牠們倆並不明顯比其他狗優秀，但其中的差異很微妙：稍微更有攻擊性的啃咬以及不願鬆口，且進入一間黑暗的房間前毫不遲疑。若我沒有在阿富汗見過工作犬，肯定看不出這小小的差異，然而，只要和狗狗一同走進某座建築，就能明白牠們能為你做些什麼。我知道布朗克和開羅都做得很棒，牠們從被放出外出籠的那一刻起，便是兩隻令人敬畏的狗。

第一階段訓練結束前，我們有機會與狗狗們會面，儘管時間短暫。如我所說，那裡沒有什麼輕拍和磨蹭的動作，但我們可以讓狗狗在周圍走動，嗅聞我們，以及看牠們對我們的存在有何反應。我深受開羅吸引，主要是因為牠的外表和訓練時的表現，布朗克同樣也很迷人。相比之下布朗克看起來更為友善；牠會用腳掌輕推我似乎是想一起玩。開羅則較從容不迫——不是不友善，而是對待工作更為嚴肅。簡短介紹過後，狗狗們被關回籠子裡，接著所有籠子被放進一個安裝於卡車後頭的大型移動裝置，將牠們載回基地中更大的訓練犬舍。

接下來兩週，未來的馴犬師們每天都花費大把時間認識新的一群狗。大多時候我們是旁觀者，看著那些狗接受各式練習與情境，並接受教練與馴犬師們一連串的評論，活脫脫就像是一間上演著真人秀的教室。連續好幾天，我們花越來越多時間和狗狗們互動。很多都是些簡單的牽繩工作：教狗狗以特定的步伐行走，以及聽從基本指令。請注意，這不是為了狗狗好：而是為了我們自己。

這三年來，這些狗狗們大多時間都在接受相當高強度的訓練。與此同時，牠們的新馴犬師則是幾乎沒有訓練狗狗的經驗。想當然，我隸屬海豹部隊，但提到馴犬師，我幾乎是個門外漢。所以說，很自然地，我們從嬰兒學步的階段開始，以牽繩帶著狗狗到處走，指引牠們起立、坐下或是其他動作。接著我們會解開牽繩，讓牠們去施展與生俱來、以及受訓過後的本領：跑步、狩獵、偵查、追逐、啃咬。

部署時期，馴犬師需要精通非常多裝備，但初期在維吉尼亞州，只需要學習如何使操控牽繩和P字鏈項圈。我相信有很多人不贊同P字鍊項圈，但初步階段與這樣強壯又兇猛的動物相處，這裝備必不可少。接下來，整個過程會輕鬆加入更多正增強（透過給予獎勵來促使狗狗有正確的行為）。我們也用帶電項圈（有時候稱為電帶或是震動項圈），在一般人的生活中，這又是此行業中另一個可能會被大眾視為不必要，甚至殘酷的工具，但在部署期間這卻能拯救一隻軍犬的生命。

牠們是聰明且複雜的生物，世世代代血液中都被灌輸了追蹤與狩獵的兇猛渴望。密集的訓練將基因中的本能磨到極致鋒利，因此最後你的狗不僅能在聽到槍響後毫不猶豫衝入漆黑的屋子追蹤壞蛋，將其逼退至最恐怖的黑洞中，更能張開血盆大口緊咬著目標直至將其血肉扯下。有時候，唯一能讓狗鬆口或是退回安全位置的方法是以電帶給他一記微微的電擊。若這聽起來很無情，嗯，那就會換來以下結果：一隻死亡的狗。我發現電帶是個高效率，但卻獲得了不公平評價的訓練工具。它所產生的電流很微弱，可以調整不同強度。總體來說，其電流量不會超過人類接受物理治療時透皮神經電刺激所發出的強度。它完全無害，狗狗不會感到任何疼痛或傷害；只是為了引起牠的注意。要讓牠理解電帶傳達的訊息，只需要最少量的電流。

理想的情況是，你不會需要用到電帶。你只需大吼：「放！」意思就是鬆口或放開。狗狗在還是幼犬階段參加 KNPV 或是護衛犬賽訓練時就已聽過大部分的口令。提到溝通，我們有良好的基礎。假若我和狗狗玩拋接遊戲，狗狗往前衝撿起一個玩具或一顆球帶回來給我，之後呢，牠通常會拒絕鬆口。相反地，牠會想用玩具或球來場拔河。為了使牠鬆口，我會說：「放！」若牠聽話，就會獲得球當作獎賞或是熱情鼓舞的稱讚話語，也可能兩者皆有。若牠不肯放棄……那就什麼都沒有。然後我們就會重複一次。這確實是所有訓練的基礎：說服狗狗表現得體，如此牠就能獲得正增強。工作犬需要工作，眾所周知，牠們所想的只有取悅馴犬師……主人……**爸爸**。而沒有比起「放！」更重要或是更常被使用的指令了。

這其實滿棘手的；你希望狗狗張口啃咬、使勁用力地咬、持續咬住；嗯，我們就坦白點吧：在現實世界中，咬傷會導致出血，當一隻經過訓練的攻擊犬滿嘴是血時，牠會陶醉不已。最終牠會因堅決不鬆口而送命。因此，理解「放！」這個詞並作出適當回應至關重要。有時候我們會需要電帶放出電流好充分表達指令並防止狗狗受到傷害。

我們全都很快掌握了訓練戰鬥突擊犬的要領。

顯然，我們在維吉尼亞的丹耐克進行此項目的引導課程時並沒有學到所有指令，但我們學會了身為馴犬師必須要會的基本語言。我發現那相當迷人。我跟狗狗相處的時間越長，就越是欣賞牠們的聰明才智和堅韌的意志，就如同我佩服牠們的運動能力一般。

每個將來的馴犬師每天都要和好幾隻狗狗一起工作，這在很多方面都是可理解的。首先，這讓馴犬師能獲得各種不同的經驗。雖然狗狗看起來都差不多也擁有類似的技能，但事實上每隻狗都是獨一無二的。牠們的個性與技巧不盡相同；理解那些差異對於執行任務不可或缺。開羅，我理解到牠是一位相當出色的夥伴。我從不需要擔心牠。牠擅長牠的任務，從來都不會出亂子。很多狗，應該說大部分的狗，都沒法這樣。牠們需要花相當多的時間和努力才能表現得如此優秀。

最初幾天我在眾狗狗間穿梭徘徊時，就知道開羅特別傑出，但不久後我開始懷疑自己的選擇。我還是很喜歡布朗克，牠是一隻有趣的狗；但我敢說跟開羅一起工作會比較輕鬆。從多個角度看來，我感覺牠能教導我的，就跟我能傳授牠的一樣多。儘管如此，與不同狗狗一起工作的經歷很重要，因為你永遠不會知道部署期間會發生什麼事。你可能會失去一隻狗——你的狗，然後必須立刻適應之後補上的狗。同樣地，讓狗狗們適應不同人的個性和風格有益無害。

這些聽起來都很合理。全都相當有條理且完善，同時也相當勞動密集。

這其實也很有趣。不得不這麼說。我自願當馴犬師是因為我覺得這是一份重要且有趣的工作；在最初兩個星期，我沒遇到任何阻礙。

為期兩週的引導課程接近尾聲時，我開始好奇哪隻狗會被分派給我。所有的馴犬師新手很快都將和狗狗們一同去加州的訓練學校展開時間更長也更密集的受訓，而我希望開羅會是我的新夥伴。一天早晨，其中一名此項目的教練吉姆．哈格帝走向我。他和唐．克里斯蒂負責整個犬隻項目，由他們倆人以及指揮官決定如何配對狗狗與馴犬師。就我所知，是基於特定中隊中的職缺以及馴犬師的脾氣和個性做安排。我對布朗克和開羅都很感興趣，而我知道自己有特別喜歡的一隻。不過我從未明確表示說「我想要布朗克」或是「我想要開羅」，也沒有人問過這點。這些人比我更要了解狗，我相信他們的判斷。兩個禮拜下來他們看著我們和狗狗們一起工作，試著衡量我們的個性和優缺點，最後做出他們認為最合適的配對。

「你和開羅，」吉姆．哈格帝對我說。「牠適合你。」

我聳聳肩。「好的，棒極了。」

同一時間，雖然我不知道自己同不同意吉姆的評估結果，但很滿意這樣的配對。我很喜歡開羅，知道牠是非常傑出的工作犬，且或許比布朗克更容易訓練。我純粹是喜歡第一次見到布朗克時牠比較頑皮的樣子。然而，在某種程度上，我似乎錯看了開羅。牠證明了自己不僅友善又熱情，同時也具備了你所盼望的忠誠和愛。我花了一些時間才探索出牠的內在，而牠值得我這麼做。

第九章

我記得初次和威爾及開羅見面時忍不住心想：這是隻完美的狗。嗯，或許不是完美的寵物，但若你正在找一隻警犬，或是軍犬，那麼牠的個性相當完美。牠善於交際、無憂無慮，不是那種難相處的狗。開羅對於自己身處的位置似乎很高興；就訓練過程看來，我不認為威爾會拿牠沒辦法。我不盡然是對的，但就結果來看似乎相去不遠。牠是一隻非常友善的狗。工作時，牠從來都不需要我操心也不需要額外的協助。有時候你必須和馴犬師一同坐下說：「嘿，這隻好像不太行。」但我不記得這樣的事情有發生在開羅身上。牠一點問題也沒有。威爾也是。他從未看起來壓力過大或是筋疲力盡。他看起來很樂在其中。他和狗狗一起工作很快樂。我們有一些學生會稍微抱怨或是大肆批評他們的狗，每次訓練時會說：「老天，我的狗根本比不上其他的狗。」而有時候你會看到某個人想當馴犬師，整體看起來也還行，但事實上他卻沒那麼喜歡狗。這是很嚴重的問題。但威爾？他的個性——他就像一隻瑪利諾犬。他很嗨，他喜歡找樂子，但只要一坐上工作崗位，他立即全神貫注。開羅也是。

——麥可・雷佛

我和開羅配對在一起幾天後便飛往南加州，參與由阿德霍斯特公司負責的為期七週的密集訓練課程。大部分新手馴犬師和狗狗們都會來到此處。藉由這次機會，我們可以完全熟悉彼此並運用身為馴犬師在部署時需要的技巧。相較於平時，身為操作員既要將時間分配給正常勤務又要兼顧馴犬師的工作，在這裡我們可以將全數心力投注於打造精銳軍犬所需的戰術與訓練上，以及精進馴犬師的能力。

澄清一下：抵達南加州後，我需要接受的訓練不亞於開羅。或許還更多。

我猜你會稱其為某種沉浸式療法。開羅成了我的室友、我的訓練夥伴，以及我最好的朋友，而這一切幾乎是發生於頃刻之間。在維吉尼亞的某一天早晨，海軍將韁繩交付予我，字面上或意義來看皆是如此，突然間開羅成為我全天候所需擔負的責任。我們將一同生活、一同工作、一起睡覺，有時甚至一起吃東西。我對人和狗的共生關係並不陌生。就像我說的，我之前養過狗，成為馴犬師時家裡也有隻杜賓犬。我在狗狗身邊非常自在也非常樂意花時間和牠們相處。但這次不同。開羅不只是一隻狗。牠是一部慎重調音過的樂器，是傑出品種和訓練的楷模，現在正為美國軍方最重要的特種部隊工作接受培訓。對我，以及對開羅而言，這是個非常棒的責任。儘管牠不見得有注意到。

我們陪伴彼此的初期，我帶牠前往阿德霍斯特的其中一個訓練課程。我們一起坐在租來的車裡，一台小休旅車，從飯店一路開到訓練場。停車場裡滿是卡車和休旅車，全部都拉下車窗或抬起載貨區擋板，後頭都放著動物外出籠。我移開籠子的擋板讓開羅呼吸新鮮空氣，告訴牠我很快就回來，接著便走入進行訓練課程的那間教室。此種情況下，一天的時間通常會被畫分開來：一或兩小時的講解，如同其他所有課程，然後是馴犬師和他的狗的實際演練。嗯，當我往車子方向走回去時，我發現狗籠的門是開的……不見了。籠子已經躺在離卡車二公尺的地方。開羅不見了。

見鬼！

我腦中立刻閃過上千種恐怖的情境，那樣一隻三十公斤重的攻擊犬——一隻純然的戰鬥和殺人機器——在這區域不受束縛且可能遇到另一隻狗，或者，更慘的是，一些毫無戒備的愛狗人士。先不提這會如何影響我身為馴犬師的前途；我擔心的是可能會有一場致命的攻擊。

我在這區搜索了幾分鐘一邊呼喊開羅的名字。沒有回應。最後我滿頭大汗又焦躁地回到車旁，很氣開羅那樣破門而出，但更氣我自己沒有小心一點。

走回車旁後，我被眼前的景象嚇傻了。是開羅，牠正安靜地坐在籠子裡，一副悠哉悠哉的樣子。我走近些，必須竭力抑制住朝牠怒吼的衝動。畢竟這不全是牠的錯。總之，如剛剛所說的，犯錯後過了很長一段時間才教訓狗狗只會讓這可憐的小傢伙感到困惑。若開羅坐在籠子裡輕快搖尾巴時我對牠大吼，牠會假定坐在那兒是某種該糾正的錯誤。當然不是這樣。所以說，我嚥下怒氣和尷尬，輕輕拍了拍牠的頭，將牠拉出籠子。

「該工作了，夥伴。」

所以……中間到底發生了什麼事？我只能猜測。就我所了解的開羅，我想像牠聽到了大自然的呼喚並決定要衝破籠子的藩籬；牠夠強壯也夠聰明知道該怎麼做。辦完事後，牠也足夠聰明可靠，懂得跳回車子裡鑽到籠子內等待牠的馴犬師回來。我靠近輕拍牠的頭時，牠只是氣喘吁吁地給了我一個表情，彷彿是在說：**你跑哪去了，老爸？我需要拉屎。**

我們住在安大略國際機場附近的原住酒店，雖然我百分之百信任開羅，但我總試著記住牠討人喜歡的性情有時也會遮蔽了那無可爭議的血統和訓練。牠是隻攻擊犬，因此，在普通人面前牠必須要很小心。有些人是非常狂熱的「愛狗人」，他們會在狗狗四周閒逛，連最龐大和強壯的狗也不放過，且還會堅持要自我介紹。小孩子尤其如此，對他們來說陌生的狗狗也只是一個毛茸茸的玩伴，跟他們房裡的動物玩偶們一樣無害。小孩子，甚至是愚蠢的大人，老是一下子就把手放上陌生的狗頭上，或者是蹲下面對狗狗，若這狗訓練不佳、脾氣暴躁或是對這類事情很敏感，如此就成了狗狗輕易攻擊的目標。

考量到這一點，我從不讓開羅冒這個險，特別是剛開始的時候。結束一天的訓練我們回飯店後，我會試著直接走往房間。假設，由於某種原因，我們必須穿過大廳或飯店另一區域，我會確定牠已經繫上牽繩並戴緊嘴套。等開羅大一點之後就不必這麼做了，但現在，我以相當程度的尊重與謹慎對待牠。

進到房間後，我讓開羅離開籠子，或是解開牽繩和嘴套，讓牠在房裡自由走動。在加州的第一晚牠睡在籠子裡；第二天開始我們一起睡在床上，雖然我記得半夜時牠被我趕下床，因為牠來勢洶洶地緊貼在我身上，還一直搶被子。這是我們早在一開始就建立起的相處模式。對於一些狗來說，界線是非常重要的；牠們必須知道自己的地盤範圍。若你讓牠上床或是沙發，牠就不會尊重你的威信，也不會理解自己在這群體中的位置。若你想將牠推開，牠們會生氣咆哮。這是支配者的象徵，必須非常謹慎不能放任這種行為。

幸運地是，開羅完全不會這樣。就我所知，牠單純只是喜歡睡在床上而不是狗籠裡或地上，且很喜歡蜷縮在老爸身邊。為了舒適感和安全感做出的妥協絲毫不會影響牠看待我們關係的方式。真有改變，也只是更鞏固了我們之間的連結。

白天開羅是可靠又精力無限的員工，晚上則是一派悠閒又滿足的模樣。一天的訓練結束後我會給牠幾勺食物，帶牠出去大便，接著一起坐在床上或沙發上看電視。這感覺就跟和朋友廝混一樣。就像和親近的朋友們在一起一樣，我幾乎也能讀懂開羅的心。

不過，偶爾牠會做出某件事提醒我我們倆體內的基因終究不同。就像夜深後床上的牠會突然坐起咆哮，雙眼緊盯著飯店房間內天花板的角落。剛開始我只是心不在焉地看電視不理牠。但自牠喉嚨併裂而出的低沉咆哮久久未見停歇。

嗷嗚……

我跳下床在房裡徘徊。檢查所有門窗。

開羅是一隻非常敏感的攻擊犬，或許牠聽到有闖入者。但什麼也沒有。

「怎麼了，孩子？有什麼不對勁？」

嗷嗚……

牠在床上坐直，頭部動也不動，但稍微有點往上仰，朝著電視機上天花板的方向。我走到牠凝視的目標的正下方。

「這裡？」

嗷嗚……

我的手沿著牆壁觸摸。「沒有東西啊，夥伴。沒事。」

嗷嗚……

最後我回到床上拍拍開羅的頭。通常牠都會舔我一下頂高我的手。但這次牠一動也不動，全身繃緊坐在床角，眼睛眨也不眨、微微露出牙齒。

最後，由於我開始覺得有點煩了，便放開牠讓牠去玩一下。

「去！」我大吼。「抓到他！」

開羅沒有移動。全身上下一寸肌肉也沒有動。牠只是靜止地坐在床上，表情看來……如何？恐懼？不信任？懷疑？我不知道。

嗷嗚……

就這樣過了十五到二十分鐘，最後，我也不知道是為何，開羅的身體放鬆了，吼叫聲也停了；牠把身體捲成一顆緊密的球靠著我睡著了。不論牠感覺到了什麼——一個威脅……**某個人的存在**——顯然都已經不在了。我拍拍牠的頭頂。

「好了，」我說。「警報解除。」

我很想說，開羅的警覺和敏感讓人心安，但事實是，當時我還不了解牠，不知道牠到底在做什麼，我有點被嚇到了。直到後來我才意識到原來狗，特別是像開羅那樣有天分的狗，對周遭環境特別警覺；牠們有自己感覺事物的方式——不只是危險，還有所有普通的小事。雖然坐在南加州的一間旅館裡可能會為此感到不安，但如此強度的感官意識肯定能在阿富汗山區的道路中派上用場。

在加州的日子很漫長，充滿了我在維吉尼亞州狗狗訓練簡介課程就已學過的各種東西——氣味偵查、啃咬工作、指令回應、忽略聲音、體能訓練——但程度更高。對我來說，啃咬工作是整個過程最迷人的，頭幾個星期我們都在訓練這技能，你看，雖然開羅已經學過基本的啃咬和追蹤，但牠的戰術與技巧都還不純熟。我們花了很多時間教導狗狗們如何安全地啃咬，以及適當地將拆解的效果最大化，同時間要將危害到自身的機率降到最小。

舉例來說，我必須學習如何適當地「抓住」狗，同時穿進一件笨重的防咬裝。狗狗發動攻擊時的天性就是跳上目標、抓住第一個碰到的物體。那可能是目標的臉或胸膛。現在，表面上看來，這可能是件很糟的事，畢竟一頭三十公斤重的瑪利諾犬跳上壞人且對那人的脖子很感興趣，最後那壞人肯定會被制伏。可能還會喪命。但這策略有些問題，特別是在訓練的時候，首先，當一隻狗撲上目標的胸膛或頭部，那麼牠受傷的機率就會大幅增加，可能是鈍器造成的外傷，也可能是被害人像是打棒球一樣狠狠把撲面而來的狗揮開。若執行任務時這狀況偶爾才發生一次，那沒關係，你不會想勸阻狗狗發動猛烈迅速的攻勢。但為了降低受傷風險，我們在訓練課程中要很小心地保護狗狗。這跟足球的哲學很像；強硬碰撞只存在於遊戲裡。

理想的情況是狗狗朝手臂或腿撲過去。那是最安全的著陸點，一接觸到目標後便不鬆口。這替狗狗帶來了血腥啃咬的滿足感，同時間也能將目標釘在原地。壞人有可能藏有武器會對狗狗開槍，但通常那人已經痛到不行，被恐慌搞得筋疲力盡沒力氣抵抗了。

所以說，啃咬工作是相當細緻且至關重要的。為了將狗狗引導到預期的部位（手臂、腿部），身穿防咬裝的人必須要伸出包裹得厚厚的手臂或腿部。然後要稍微抽回以引導狗狗咬住做了記號的位置。再借用另一個運動的比喻，想像這是一位橄欖球員正在學習接傳球。你不能站得直挺挺地等著速度飛快的球落入手中——那會導致反彈效應。相反的呢，當球一落入你手中，你要稍微往後退，在那一瞬間將球抱進懷裡。這攸關保護，同時也是在教導狗狗。

我一直到穿上防咬裝，親身體會狗狗的力量後才明白這個策略（一開始我們穿比較薄的橡膠服讓狗狗咬幾下，以實際感受牠們啃咬帶來的壓力；可以說是令人印象深刻）。牠們三十公斤重的身軀還不到我的一半，但被其中一隻全速衝刺的狗撞倒感覺就像是被扔向牆壁一樣，而且那是在身穿配有好幾公分防護海綿的橡膠服的情況下。對狗狗來說風險更是巨大，若他攻擊的部位很堅硬，例如胸膛或背部，或是目標在牠撲上前時毆打牠的臉，那麼狗狗的下顎可能會嚴重受傷，甚至可能會弄斷脖子。正確的做法是要訓練狗狗朝目標發動猛烈攻勢擊退對方，同時避免自己受到傷害。狗狗正在做的是對牠而言再自然不過的事；幫助牠在受訓期間避免危險是馴犬師的工作。

聽起來容易，做起來卻相當困難。我記得第一次扮演反叛者的時候明確地這麼想：噢，媽的，這根本行不通。身穿防咬裝我寸步難移，狗狗輕輕鬆鬆就拉近了我們倆的距離。牠朝我奔過來時，我突然有種不祥的預感：牠準備要襲向我的喉嚨，確實有可能。幸好這事沒有發生。相反地，我伸出手臂拚命揮舞。彷彿接獲暗示一般，狗狗在一、二公尺之外便霍然跳起，精準完美地撲上了我的手臂。牠掛在半空中一秒鐘，直到一股強大的力量將我們倆都摔在了地上。

你知道嗎？那很痛！防咬裝確實有用，狗牙沒有穿透填充物，但是……僅僅是那衝擊的力量加上牠下顎撞上的力道，我的左前臂就瘀青了。我很快就發現，這很正常，事實上大多數的馴犬師在整段訓練結束後，手臂和腿部滿滿都是瘀青的痕跡。

這是工作的一部分，我完全不在意。那瘀青每日都提醒著我開羅和其他工作犬們擁有多麼了不起的力氣。我猜，阿德霍斯特的人有可能會藉由只允許項目的教練穿上防咬裝以讓我們避免這種日常的懲罰——畢竟，開始部署後，我們所有人都不會是目標。但想當然耳，這的確是個瘋狂的方法。首先，啃咬工作拉近了我們和狗的距離，讓我們更加了解牠們扮演的角色以及運用在工作上的技巧。另一方面看來，也幫助我們成為更棒的馴犬師。再者，這個啃咬工作是軍犬訓練中非常重要的環節，越多訓練時的第一手經驗，部署期間當有人需要扮演我們的角色時，我們才能分享更多知識與經驗。簡言之，馴犬師必須精通這份工作的所有層面。

必須說明我和開羅一起工作時從未穿過防咬裝；只有跟其他狗狗工作時才有。我學到訓練攻擊犬時有一條不容侵犯的規則：絕不能教你自己的狗咬你，我想這應該無需解釋。

有時候我們進行啃咬工作，但不會真的讓狗狗張嘴去咬東西。相反地，我們替牠們套上嘴套，讓牠們在練習過程中找到並攻擊目標，即便那個目標並沒有穿上防咬裝。讓這些狗狗攻擊一個毫無防護的目標顯然非常危險，所以我們使用嘴套以防任何人受傷。

然而……有時事與願違。

這證實了這些精銳工作犬的力量，實際上，有幾次某些馴犬師甚至比身穿防咬裝時換來更多瘀青，嘴套是由厚尼龍網和金屬構成，是種相當過時的裝備，讓牠們看起來活像是犬界的漢尼拔．萊克特。這確實可以有效阻止動物張嘴亂咬，卻也讓牠們成了名符其實的破城槌。有好的開始後，套著嘴套的狗只需用頭部朝馴犬師猛撞就能造成極大的傷害，這就是為何套著嘴套的練習目的不是為了要抵抗，而是為了鼓勵狗狗去啃咬即便只是穿著外出服的目標，比方說阿富汗男子很喜歡穿寬鬆的外衣（我們稱為「男士的洋裝」）。

訓練時，狗狗被教導主要的攻擊對象是身穿防咬裝的人。但戰場上沒有人會穿防咬裝，所以狗狗的啃咬直覺必須要與嗅覺還有指令連結在一起，而不是特定的視覺畫面，那畫面現實生活中永遠不會見到。狗狗會被套上嘴套，並提供一個目標給他，通常那人會逃跑或大叫，並指示狗狗發動攻擊。一被撲倒後，馴犬師會在地上打滾鬼叫，讓狗狗得以用牠被覆蓋的口鼻狂戳猛捅人體的多個不同部位。如此一來，雖然狗狗無法真正張嘴啃咬，但至少牠享受了一場刺激絕妙「戰鬥」。

但是有時候，嘴套也沒法提供充足的防護。我們利用一間廢棄的老電影院作為訓練場地。這是個完美的地點——陰暗、有霉味、有多處可以躲藏和監看。在這特別的一天，我們輪流讓狗狗們經歷一段啃咬的場面，牠們將要找出身著便服躲在暗處的目標。這次練習中狗狗只能依靠嗅覺，而牠們將此技能發揮地淋漓盡致。就像大多數的狗，開羅一下子就適應環境且表現優異；牠幾乎立刻就找到目標，花了幾分鐘弄傷那人，然後聽從指令停止攻擊。但有一隻狗，一隻名叫尼諾的荷蘭牧羊犬，很難勸阻牠停下攻勢。尼諾體型很大，外表與行為都相當出色，但這次的練習引出了牠最好以及最壞的那一面。牠氣勢洶洶地追趕目標，幾乎要把嘴套一分為二，很難確實描繪這項壯舉有多艱難，但尼諾做到了。之後，當我們全站在戶外時，尼諾的馴犬師向我們展示了嘴套。金屬的部分整個扭曲、尼龍網整個被撕裂磨損了。

「下一分鐘，」他笑著說，「牠就成功掙脫了。」

我作出了兩種反應——第一，想到尼諾是如何對待那扮演目標的可憐馴犬師，我不禁一陣顫慄；第二，我深感著迷。我在部署期間親眼見過工作犬的行動，我和開羅密切合作了一段時間，我非常了解狗狗的能力，但看到那本該是無法掙脫的嘴套現在整個扭曲失效，我啞口無言。

「這真是……」我說，「太瘋狂了。」

開羅學習攻擊和啃咬時，我負責管理和監督。牠努力對付扭動掙扎的目標時，我拿著槍站在旁邊。接著我會將牽繩扣上我臂部的扣子與牠的項圈，拍拍牠的背部或頭頂——當然要小心不要碰牠的嘴。

「好孩子！」最適合作為第一個反應，不只是稱讚開羅按照指示表現得很好，同時也表示我們是一夥的。我們是隊友。牠的任務是找出目標並啃咬；我則是事後提供獎賞，讓牠知道可以安心地鬆口。大部分的狗都不甘願鬆口，開羅也是，特別是在訓練的最初階段之時。因此，要牠停止大快朵頤，必須小心翼翼地提供獎賞。我稱讚牠做得很棒，給予熱情的拍拍，然後溫柔地拉起牠的項圈，確保是對下顎周圍而不是對頸部施加壓力。我最不願做的事情就是緊勒我的狗，不只是會傷害到牠，也因為牠會將這解讀為懲罰。這會令牠感到困惑：

等等，你剛剛才說我咬這個傢伙幹得好，但現在又因為我不肯鬆口掐著我？怎麼搞的，夥伴？打定主意好嗎！

但若我拉起項圈的角度是對的，就可以施加足夠的壓力讓牠的下顎放鬆。這樣牠就會放開目標（但有時候牠的牙齒會深陷在防咬裝的海綿裡，這時就得多用點力），且完全不會感到不適。接下來我就會再拍一下牠，甚至是一個短短的擁抱。

「幹得漂亮，夥伴。」

不論達成任務所需時間長短，我都會竭盡全力讓開羅知道這次經歷是個積極正面的經歷，如此下一次牠聽從指令啃咬時，內在的驅動力會更強大。而不論我有多麼了解牠，或是我認為牠有多尊重我，我永遠不會在牠進行啃咬任務時把手靠近牠的嘴巴。要牠鬆口總是需要堅定、好懂的指令以及有效的項圈壓力，再加上一些常識和耐心。隨後，訓練繼續，啃咬的驅動力已經建立得非常完全，我們結合了其他鬆口的方法，像是從一段距離外使用電帶或是大喊：「放！」離開加州前，我幾乎每次都有辦法完全不靠近開羅，就成功說服牠停止攻擊回到身邊。大部分的狗這方面都非常傑出；開羅更出類拔萃。

整個加州之行是個相當棒的體驗，不只讓我成為更棒的馴犬師、開羅成了更棒的突擊犬，也確實讓我們倆更加親近。七週訓練課程來到尾聲，所有狗狗和馴犬師們要來一場競賽。我們要完成多項練習並接受評分，大多是以每項練習的完成時間為評分標準。其中一項比試中，我們必須划輕型獨木舟渡過池塘，狗狗則是船上的乘客。我們不知道的是划到一半時，一個身穿防咬裝的壞人會突然從岩石後面跳出，接著拚命揮舞雙手大吼大叫。可想而知，有一些狗狗發狂似地弄翻獨木舟。開羅沒有。首先牠不喜歡水，牠可能覺得好好坐著直到對岸才是上策。更有可能的是，聽從指令再行動是牠的本性。

最終我們獲得第二名，接近終點時被另一中隊的海豹成員超越。但這不是開羅的錯。都是我，我稍微慢了一點，開羅已經完成牠的工作了。

我喜歡威爾的一點是他完全不會自以為是。很多人，像游騎兵們、海豹們，他們老是那樣。你把他們當作超級英雄之類的，但其實很多方面他們就只是普通人。雖然他們做了很多了不起的工作。威爾就很謙虛。我記得有次晚上的練習，我們都和狗狗們待在外面一起爬上山。那山不高，不是三千公尺那種，但相當崎嶇陡峭。突然間，我說：「看，你們全都懂得吃苦。你們都知道如何背著一大袋石頭走路。」我沒有說那是他們已經習以為常的痛苦，走路就是走路，但當有隻狗跟著你，你正摸黑走在山脊線時，那真的是很難受。我想讓他們在進入部隊前先體驗一下。顯然在阿富汗情況只會更慘。我們爬上了一千公尺處，抵達山頂後沿著山脊線下山。我知道山脊的另一端有個洞穴，洞穴裡有個穿著防咬裝的人。那是這次練習結束後提供給狗狗們的獎賞。我們每次巡邏都會提供幾次。那是個漫長又累人的練習。總之，最後還有幾隻狗要進行啃咬工作，而有些學生，加拿大特種部隊的，已經開始抱怨：「嘿，這太蠢了，我們不會走上山；要坐直升機。」據我所知，我想他們錯了，所以我說：「事實上，我知道你們常常走路，現在你們要和狗狗們一起走。」有一些人加入我們要那些加拿大人們停止抱怨，其中一個就是威爾。我們在深夜走下山脊，每個人都累壞了，有些人抱怨嘀咕憐憫自己，而威爾引用了電影裡的台詞，一邊笑一邊提振大家的士氣。老實說我其實不太需要注意威爾或開羅，提到訓練，我知道他們倆肯定能表現得非常出色。就像這樣：「威爾和開羅來了；那這事好辦了。」

——麥可・雷佛

第十章

開羅可能比我還擅長跳傘。我的意思是，部署時牠從未跳過，因為牠不需要——通常我們都是跟著直升機一起降落，然後步行靠近目標，或者是從離地十到十五、甚至三十公尺的高空沿繩下降。但牠受訓時有跳過很多次，而且牠超酷的。

結束加州的訓練後，我們回到維吉尼亞接受更多訓練以及準備下一次部署。我們去到不同地點接受各種不同的訓練。比方說我們去了亞利桑那進行好幾週的跳傘訓練，身為海豹部隊一員所學會的所有事情中，跳傘應該算是最有挑戰性的。不一定是因為恐懼因素，就像我說的，雖然我高中暑期打工爬上電線桿時會膝蓋發軟、胃部翻攪，但我其實不介意縱身跳出飛機。這聽起來可能有點不合邏輯，但絕對說得通。或者，至少對我或是對其他我服務的人來說是如此。

當你離地面幾層樓高度的時候，每件事看起來都是如此逼真——距離足夠遠，讓你得以預見摔在人行道上時受傷的畫面。然而，從三千公尺的高空，地球遙遠得近乎失真。跳傘時我幾乎沒感覺到腹部有任何不適。海軍生涯中，我至少跳過三百次，幾乎每次都是在訓練課程的時候。我駕輕就熟，從未出問題或是受過傷，但這並不是我的強項。我知道有些人是跳傘的箇中好手，經驗不下千次。他們愛慘了跳傘！白天或黑夜，颳風或無風都可以跳。你會希望跳出飛機時是由這些人帶領，因為這是個非常龐大的責任，若判斷風勢錯誤，即便誤差非常小，都會導致五十個人瞬間受傷或是喪命。

我後悔沒有精通跳傘的原因之一是我從未有機會與開羅一起做這件事。狗狗們，你應該想像得到，並不是單獨跳出機艙。牠們會被戴上嘴套、套上胸帶、安全地放進一個穿在人身上，像是嬰兒背帶的大袋子裡。一起躍向空中時，牠們會在巨大的降落傘衣之下一路漂浮至地球表面。通常負責揹狗的人都是隊上最強壯的跳傘者。實際看來，跳傘技巧這項特定的訓練遠比馴犬的經歷來得重要，有些狗狗天生對此感到恐懼。

然而，有趣的是，大部分的狗似乎都很享受跳傘的感覺。開羅就是這樣。我把牠放進一位經驗豐富的跳傘者的袋子裡，每次跳出機艙前都好好拍拍牠的頭。離開飛機時，我通常都是站在隊伍中段——最厲害的在最前面，帶領整個過程，其他雙人組（帶著狗的人，或是跟還沒接受跳傘訓練的人綁在一起的人）排最後。我轉向開羅和牠的跳傘馴犬師，向他們豎起大拇指，緊接著朝開闊的海灣一躍而下，幾秒鐘後，開羅也上路了。有時候我會抬頭看一下悠遊地漂浮在我上空的牠。我幾乎可以看到牠在笑，牠從不畏懼，從不。

我承認那些時候，我很希望開羅是綁在我身上，那肯定會是很酷的體驗。但必須要接受更進階的訓練才行，而我並不是非常有動力。我向那些自願做這一訓練的人致上最高敬意；這是這份工作的關鍵，同時也危險至極。我在受訓期間看過非常多跳傘釀成的意外，我並不想冒那個險。再者，就算開羅不是跟我一起跳出飛機，我們倆在這之後也一起忙得不可開交了。

接下來的六個月，從二〇〇八年十二月到二〇〇九年六月，我和開羅第一次一起參與部署，這段期間可說是形影不離。嚴格來說，軍犬是住在基地裡的籠子中，但一天結束後開羅常常跟我一起回家，在我的屋裡過夜。這並不被允許，但通常大家也都睜一隻眼閉一隻眼，因為每個人都明白馴犬師和他的狗建立緊密連結的重要性。還有什麼方法比帶開羅回家，和牠共享一塊牛排更好呢？

訓練毫不停歇，有時極具挑戰。我很快便發現開羅就跟所有戰鬥突擊犬一樣，在所有訓練中最喜歡啃咬練習，這是可以理解的，但也存在些問題。從我們的觀點看來，氣味偵查是一隻狗該具備的最重要技能。執行任務時嗅出武器和炸彈的能力可以拯救無數條性命。然而，對開羅來說，即便是優異的氣味偵查表現的獎賞（擁抱或拍頭，甚至更好的獎勵）仍然遠不若成功追蹤到目標所獲得的獎賞來得令牠滿意。

張嘴啃咬。狗狗初次嚐到人類的血肉滋味後，便會自然而然地更加投入啃咬訓練。開羅初嚐血肉發生於訓練中心的練習，當時我們正為第一次部署做準備。我朋友安傑洛是一位防衛專家，在開羅於一棟非常基本的水泥建築內執行氣味偵查時扮演目標的角色，此場景是為了模擬在伊拉克與阿富汗會碰到的環境。安傑洛待在一個像是衣櫃的物體上方，離地面大約三公尺遠，開羅則負責牠的任務。安傑洛待在一個可說是很安全的制高點，所以沒有穿防咬裝。但開羅發現安傑洛了——牠的目標，牠像是發瘋一樣拚命跳上跳下和吠叫。我們全都站在一旁看著開羅越爬越高、越爬越高，直到抵達了足夠將牙齒插入安傑洛腳踝的高度。那不是什麼重傷，但足以令人痛不欲生。

這是我所見過開羅最令人印象深刻的壯舉之一，為此牠獲得了第一次正式啃咬——鮮血的滋味。

這是一場考驗運氣的練習。開羅是隻很棒、友善、頑皮、深受陌生人信賴的狗，但牠終究是一條狗。數世紀的繁殖再加上金錢所能買到的最頂級訓練，已經將牠打造成一隻登峰造極的獵獸。沒有什麼事比把牙齒插進獵物血肉中還要快樂。這是一個簡單、無可辯駁的事實。因此，如同所有戰鬥突擊犬，開羅也需要針對較不有趣（對牠們來說）且較單調的工作接受一次次的複訓，主要是氣味偵查。一進行啃咬，特別是真正見血的啃咬，狗狗一心只想要一口接一口。

所以說，我開始花多點時間和開羅進行氣味偵查，而非啃咬練習。牠已經受訓過，但考量到牠天生就對啃咬較感興趣，氣味偵查此技能必須要再加強。

開羅的工作態度一向非常好，但有幾天我幾乎可以看出來牠感覺很失望且無聊：

等等。就只給我這幾顆網球？除了這些什麼都沒有。我想要去找那個我們追蹤的傢伙並好好咬幾口。可以嗎？

狗狗技藝更純熟後都會如此。因此，定期進行氣味偵查練習並想辦法讓過程更有趣相當重要。我常常帶開羅到海邊進行這項工作。在亞利桑那，我們一整天都在跳傘，之後，就算已經累斃了，還是要做氣味偵查工作。偶爾，為了獎勵牠做得好，我會讓牠去追逐某個身穿防咬裝的人。對我們兩個而言，啃咬任務有趣許多，但氣味偵查更為重要，然而這項技能會迅速退化，所以我試著隨時保持警惕。

根本上來講，馴犬師時時刻刻都被提醒我們相處的對象是隻工作犬。提醒我們的不是海軍高級軍官之類的，而是比利時瑪利諾犬那世世代代遺傳下來，使牠們註定成為世界上最優秀工作犬的基因。我持續不斷地訓練開羅不只因為這是我的工作，也因為我知道若牠沒有得到足夠高品質的練習，會變得多麼不開心。

若你太過自私懶散，沒法辨識出以及尊重任何工作犬的基因組成，那麼你的生活會被牠搞得很悲慘。我還小的時候，家裡有陣子有一隻西伯利亞哈士奇。牠的名字叫煙煙——我想這名字還算貼切，因為大部分時間牠都彷彿毛皮著火了般跑來跑去。當時我還太小沒法當牠的主要照顧者，且雖然我常常和煙煙玩在一起，但總是比牠先體力透支。

我記得有一次牠真的把一棵樹連根拔起。那不是很大一棵樹，但也不是什麼一小欉漆樹或其他淺根植物。不是，那是棵真正的樹，一棵約莫三公尺高、樹幹細小、樹枝低垂的幼樹。那無疑是新長出來的，但根部已深深扎入土地。一天早上，煙煙開始在樹底周圍挖掘，像瘋子一樣又挖又刮又刨。我坐在門廊上以驚異的神情看著牠瘋狂挖掘，整個過程顯然有好幾個小時。每隔一段時間牠都會暫停，休息個幾分鐘再繼續，接著開始用力拽拉那棵樹。牠前掌環抱住樹幹猛力拉，接著跳起身抓住一隻樹幹用力拔。沒過多久樹幹就已經彎曲了四十五度角，然後是九十度。突然間我走出去試圖勸牠遠離樹木，很怕牠再繼續下去會心臟病發，但牠不肯罷手。

事情就這樣持續了幾乎一整天——煙煙一下挖掘一下拖拉，挖掘、拖拉，挖掘、拖拉。一開始只有牠的口鼻和腳掌被塵土覆蓋，但沒過多久牠幾乎整隻都變了顏色，牠的整個前半身覆滿泥土。牠會定時停下動作，動動下顎、用舌頭舔舔牙齒和嘴部周圍，還會咳嗽或是吐痰之類的。顯然是要把阻礙呼吸的塵土清掉。

但牠就是不罷手，因為，嗯，牠是哈士奇，體內流著奔跑、賽跑和打架的血液。每次我聽到有人買哈士奇當家族寵物，通常都是因為牠們看了某幾部電影——或者更糟，他們的小孩在學校看了阿拉斯加州愛迪塔羅德狗拉雪橇比賽，然後覺得那些狗很可愛。除了翻白眼我不知道該做什麼反應。你想知道擁有一隻哈士奇是什麼樣？是這樣的：坐在後院，看著煙煙用牙齒將樹連根拔起。

隨著煙煙後退再後退、腳掌插進土裡發揮反作用力、下顎緊攀在樹幹上、幾小時努力後鮮血從齒縫中滴落，這場戰鬥宣告結束。無論如何牠都不會放棄。要麼那棵樹被拔出來，要麼就是煙煙心臟病發身亡。而你必須為此敬佩牠。最後，煙煙的努力不懈終獲回報。那樹就像一顆鬆脫的牙齒般搖搖欲墜，開始要與根部分離。我記得當時我好驚訝竟然有這麼大一部分的樹被藏在地底下：幾尺長滿覆泥土和碎屑的捲鬚。

結束後，我鼓掌走上前去給煙煙一個擁抱，但牠的反應沒那麼熱情。牠嗅了嗅樹根，繞著樹打轉一兩分鐘，然後離開去睡個理所當然的午覺。

那次經驗，簡言之，就是擁有任何一種工作犬的模樣。我相信大部分的人都能意識到這點，但並不是所有人。幾年前有部電影叫做《海軍忠犬馬克斯》（Max），內容是關於軍犬和牠的馴犬師之間的情感，可以預見，這讓比利時瑪利諾犬蔚為風潮。我只能靠想像描繪大部分的飼主面對如此龐大又棘手的動物會是如何地束手無策。這個觀念對所有繁殖來工作的狗都適用。若你單純是因為外表而買了一隻獵犬，並期待牠整天開心地在你家客廳晃來晃去……嗯，先做好買新家具的準備吧。我的意思是，你買的是獵犬，對吧？那你就該帶牠去狩獵！

開羅是軍犬，繁殖及訓練都是為了要成為地球上的戰鬥精英。牠需要工作，所以我訓練牠。一天至少兩次，我會讓牠跑到心滿意足為止。冬去春來之時，我們第一次一起前往部署的時刻也跟著來臨，我們花較少時間在海灘，而是幾乎都在更為嚴苛的地面：水泥地、人行道、多岩石坡地以及山上。畢竟軍犬通常不穿靴子（可以穿，但狗狗痛恨穿鞋），所以牠們必須提前適應將來在阿富汗山區會面臨到的崎嶇不平的地形。

若開羅只在草地或沙灘進行訓練，突然需整夜跑在岩石和水泥地上的衝擊會毀了牠的腳。就算是接受過完善訓練的狗，也勢必會有一段陣痛期，牠的腳掌會起滿水泡，腿會疲到不行，以至於影響到工作表現。為了盡量降低腳部不適的可能性，我每天都在開羅不那麼喜歡的地面上訓練牠。但牠這隻快樂又精力充沛的狗狗一下子就適應了。我們一起跑在人行道和崎嶇滿是車轍的小徑上。我們在停車場玩拋接遊戲。速度雖緩慢，但開羅的肉墊肯定長了繭——厚實、堅硬的屏障可以保護牠免受即將面對的野蠻地形的侵襲。

到了四月牠已經做足準備——身體上、性情上、技術上，都能面對牠的第一次部署。

我等不及要看牠採取行動了。

第十一章

沒有任何事能像強烈的氣味那般觸動回憶。

到了現在，即便過了好幾年，每當我聞到屎味，就會想到阿富汗。那可以是狗屎、馬大便、牛屎，甚至是人類的屎。都可以。只要我聞到屎味，在悶熱又潮濕的天氣、銀白的月夜或是在某處的空地——那氣味就會把我拉回那個我又愛又恨的地方。聽起來是否很矛盾？這個嘛，不盡然。那是一個你既要戰鬥又要殺戮還要試圖生存的場域——你正在做一份你知道很重要並且相當熱愛的工作，但有時候那是你所能想像得到最瘋狂的一份職業。

我從來都無法真正了解阿富汗的味道，特別是當我們外出追查目標的時候。一直到之後，等到我退役回家後，才明白原來我的服役和刺鼻的廢物氣味有莫大的關聯。動物們無所不在：山裡有山羊和馬；村莊和院落有牛、雞以及其他牲畜；到處都是狗，各個體型大小馴化程度不一。伴隨動物而來的是化糞山。棒呆了，熱氣蒸騰的屎堆在幾公里外的四面八方就能聞到。再加上阿富汗郊外簡陋的污水處理系統，那裡的人們經常是將垃圾廢物直接倒在土地或是河流裡，乾淨水源相當稀少，那效果就像是有個糞便旋風裝置，氣味久久未曾散去。

那實在是令人作嘔，但久而不聞其臭。若我今天在一座農場，或是正在清理我的狗的排泄物，有時候仍會回想起阿富汗。屎味對我有這個作用。航空煤油也是。最近我不常搭飛機，大多是因為我有好幾隻狗，其中一隻或更多通常都跟著我一起遠行——開卡車讓牠們待在後頭比較容易。但是，有時候我會發現自己在機場，穿過飛機跑道抵達機門邊後渾身疲累，接著會反射性地露出笑容。你看，一聞到航空煤油味我就想起海豹部隊以及身處在那個環境的時候。我想到當時坐在一架貨機內航行大半個地球，腳邊是睡在外出籠裡的開羅。我想到身在阿富汗的簡報室檢視夜間任務，接著拿起我的裝備：頭盔、背包、夜視鏡和步槍，和一群我所認識最偉大的人一同登上直升機。

危險嗎？當然。但其中的單純性也很美。在家裡，我們被堆積如山的事物所糾纏。在部署，我們只有一項工作。

抓到壞人。

夜復一夜。

二〇〇九年六月，開羅和我抵達位於阿富汗派克蒂卡省高地的沙蘭前進作戰基地。此基地最初以加拿大卡尼營地的名義創建於二〇〇四年，沙蘭是美軍於阿富汗最大的基地之一（差不多於二〇一三年關閉並回歸阿富汗政府）。我們中隊大約有三十到四十人進駐沙蘭，另外還有數量相當的附屬人員。雖然沙蘭是個大基地，但我們大多是被分別安置在少數幾間小屋中，好配合我們的特殊需求和工作時程。我們和常規部隊共用食堂，但有自己的房間和相當不錯、配有超過我們所需設備的健身房，且那裡還有一台超大平面電視。

差不多是十五名海豹成員共用一間棚屋，開羅也和我們住。這是一座很大且設備齊全的營地，但少了專門給狗狗用的籠子。這倒不是什麼大事，因為這地點只配有兩隻軍犬。我和開羅在同一間屋子，另一隻狗和牠的馴犬師住另一間。這能降低狗狗意見不合的機率——一場地盤之爭，也可以說減少了牠們的存在對突擊隊員的影響。棚屋畫分為每個突擊兵單獨的小睡房，棚屋尾端還有一個空曠區域可以休息，讓我們不需工作時可以在那消磨時間。客廳部分有沙發、一台冰箱、一台製冰機跟一台電視。

我在客廳放了一個小狗籠讓開羅在裡頭睡覺，但牠比較喜歡跟我一起睡在房裡。因為睡房很小，裡頭只有一張單人床，為了增加一些空間，床墊不是放在地上；開羅通常都睡在床底下的地毯上，不過有時候也會想跳上床。在家裡我不介意，因為我的床是加大雙人床。但和一隻成年瑪利諾犬共擠一張單人床墊？

抱歉了，開羅。我們得畫條界線。

我第一次和開羅一起參與的部署是一段為期四個月的任務，行動的步調相當規律，通常夜間需要定位並確認目標。這是透過累積不同來源的大量情報來完成的。一確定目標是戰士無誤，且極可能就位於我們計畫攻擊的位置（對我們有利），就會進行一場簡報。簡報的大綱是目標的身分、我們為何追捕他，以及中隊中兩組突擊隊的基本動向與責任。我會跟另一名馴犬師還有隊長們一組，並共同決議要分配輔助哪一突擊隊。大多時間我們都與指定的隊員們待在一起，除非戰況需要有所改變。接著我們要向團隊概述狗狗的能力和責任，以及我們會攜帶的裝備。每次部署結束，對其他隊員們來說大部分資訊都已過時，但根據協議，每次我們還是都會分享。

若有隨行神職人員，簡報就會以禱告做結尾。然後我們會急速動身。每個操作員都會去待命室準備他的個人裝備和一切所需。（待命室是另一棟單獨的建築，我們把裝備都存放在那裡的小房間，打包好以便隨時準備出發，不論白天或黑夜都能提前動身出任務）。我的首要責任是檢查武器，確認功能一切正常。接著我會瀏覽一遍記在心裡的用品與準備清單，包括眼鏡的電力、我和開羅所需的充足的水，以及功能完善的收音機。然後是檢查開羅的裝備。我都會帶一個可折疊的小碗，讓開羅在巡邏時可以喝水，還會帶一個專門應付犬傷的醫藥包。

各個方面看來，開羅都是海豹部隊其中一員，只不過牠是狗。不論訓練結果或天賦遺傳看來，牠的本質都有些難以預測。我們的部署才剛開始幾天就動身執行第一項任務——找出壞人，跟往常一樣。

我們為此任務接受訓練，討論過所有可能遇到的狀況，或者說我們以為的狀況。通常，我們每次任務都帶兩隻狗：一隻走在巡邏隊伍最前端，另一隻在中段。這晚，開羅和我在前面。我記得當時揹著一如往常的補給裝備，跋涉時感到一股腎上腺素激升，就跟先前其他任務一樣，但這次有一隻成年瑪利諾犬在我身旁。這是我身為海豹部隊成員的第四次部署、第二次到阿富汗；我並不是不熟悉這片領域——比喻上或字面上都不是。雖然每次任務都是獨一無二的，但我基本上很清楚會發生什麼事。

不過……再次部署的興奮感，加上我有了一個新的身分以及更大的責任，又更增加了一層無可預測性以及興奮之情。某些方面看來，我感覺自己仿若從頭學起。我知道這個夜晚可能會以槍火及消滅目標畫下句點。或許會有些許反抗；也或許不會有。不管如何，我的工作都跟過去不一樣了。

我是一名馴犬師，我的首要責任是照顧開羅，確保牠完成為此拚命受訓的工作。這是牠第一次出任務。我很好奇牠會如何表現，以及身為馴犬師的我會如何表現。畢竟，若開羅搞砸了，不僅僅是反映出我個人的問題，同時也會替中隊裡的大家帶來潛在的危險。

開羅的牽繩扣在我臀部的扣環上，我很少手拉牽繩，因為我得空出雙手來握好武器。我們走過一片被月光照亮的田野，朝著一座小院落前進。牠看起來對周遭環境感到自在，沒有遲疑也沒有過分渴望，只是很樂於等待指令。我很好奇牠是否知道這不僅僅是練習，而是來真的。

因為這是玩真的，也因為這裡是阿富汗，你永遠說不準會發生什麼事。

我們進入院落，穿過一小座庭院，接著走過一道門廊，令我吃驚的是，我們在那裡遇到一小群綿羊。不必說，這可能是個大災難。我們多個月來的訓練模擬過無數情境以教導開羅和其他工作犬如何應對任務，我們唯一沒料到的是庭院裡竟然有一群家畜。開羅追捕過上百位身穿防咬裝的壞人；牠挖出空地裡和昏暗電影院的炸彈；牠跳出飛機也曾從容地乘著獨木舟橫渡一座湖泊；牠近乎完美。

但牠從來沒有遇過這種情況，一群無助、咩咩叫的小動物們阻擋牠成功完成任務。我們完全不知該如何反應，但我不喜歡失敗的可能性。

我身後傳來一聲低語：「你了解牠吧，起司？」

我點點頭，即便不確定有沒有把握。

小動物們開始鳴叫時，我蹲下抓住開羅的背帶。突然間牠停止所有動作。

怎麼了，老爸？

我沒講話——因為我真的不知道該為接下來發生的事情做出什麼指令。我抱起開羅，一手同時握著武器，把牠像一袋髒衣服一樣拋到肩上。

那種情況下，我們最不需要的就是已完全開啟戰鬥模式的開羅被一大群可食用的羊肉自助餐分散注意力。我不知道牠對突然改變位置會做出什麼反應。訓練的時候從未遇過這種事。就我所知，開羅可能會吠叫大吼，或是掙扎著逃離我的手臂。若我把牠放到地上，也很有可能牠會直接忽略那群小動物，無視眼前的免費大餐，徑直將注意力擺在工作上。

我不能賭。在那個當下我必須根據直覺和機率做出決定。開羅是隻狗。沒錯，是隻訓練有素、性情溫和的狗。但牠終究是條狗。我想應該有一半機率牠會朝著那群動物殺出一條血路。

但是，開羅真是一如往常的酷。牠完全沒有試圖掙脫，相反地，當我們悄悄走過那群動物時，牠的身軀緊緊貼著我的背部，只是露出古怪的表情盯著那群羊，直到羊群消失於視線之外。然後我放下牠，用力但讚賞地拍拍牠的頭，讓牠繼續工作。

事實證明，那是那天傍晚的高潮。我們有條不紊地穿過院落，清空所有房間，訪問一些當地人，並讓開羅嚐嚐首次執勤的滋味（另一隻狗守在外頭，和牠的馴犬師待在院落外圍，我們通常都這麼做：一隻在外，一隻在內）。那次任務沒有啃咬、沒有壞人、沒有炸彈……什麼都沒有。阿富汗經常如此，讓我們白忙一場。或者說，在我們抵達之前壞人就溜了。

儘管如此，我還是認為這次任務很成功，且毫無疑問證明了即使接受了所有訓練，也不可能應付所有意料外的事。那晚開羅完成了所有指令。牠一絲焦慮和恐懼都沒有顯露便適應了新環境。最棒的是，面對可能發生大災難的時候，牠只是聳了聳肩。

你還能要求牠更多嗎？

我所關切的是，這次任務是一次完美的淘汰賽——讓開羅測試所受過的訓練，以及在戰場上的性情，結果顯示，風險非常低。對我來說，這是一個觀看我的新夥伴如何應對壓力和刺激的機會。你可以不停接受訓練，但在執行任務時面臨了可能造成極大危害的風險前，你永遠不知道某個人會有何反應。狗和人都一樣。

開羅通過了第一次考試。每個人都很高興有牠這名隊友。

這就是開羅。牠對工作的理解程度永遠使我驚嘆。許多次任務中，我們的目的可以總歸如下：找到並消滅一個或多個目標。這是相當緊張危險的工作，不只是預期外的野生動物和全副武裝的反叛者會使任務變得複雜，當地居民，包含女人和孩童也不例外，有時會被蓄意傷害。人肉盾牌，我找不到更好的詞了。不只一次，開羅衝進建築物尋找目標時我忍不住屏住呼吸，面對不肯聽令出來的壞人，我無法確定結果會如何。

開羅第一次啃咬時，我被那殺傷力嚇到了，壞人的手臂幾乎脫離身軀，自動脈噴出的鮮血覆滿了旁邊的牆面，顯然，他沒死真是走運；男人藏身處附近有個襁褓中的小嬰兒，這景象也把我嚇壞了。

為了抓到目標，開羅必須全速從嬰兒的方向衝過去。牠有傑出的嗅覺，肯定會停下來查看。我不確定該如何解釋為何牠沒有傷害小孩，更無法解釋嬰兒被忽略在旁，轉而鎖定近在咫尺的反叛者——只能說開羅是隻特別的狗。牠懂的分辨是非、區分善惡。

開羅工作時都有個單一的目的。牠的工作是保護我們，警告我們危險的可能性，那些危險包括了炸彈以及躲在衣櫃裡、牆壁後、外頭高聳的草叢裡或是林木線中的反叛者。牠為我們留意四周，而我們也為牠做同樣的事。不是開羅照顧不了自己；只是有時候牠太專心於任務上而忽略了外面的威脅。那些威脅可以是非常多種形式，比方說另一隻狗。

在阿富汗有一件可悲的事情是到處都是狗，而大部分都沒有受到妥善照顧。很多都是野狗或是半野放的。牠們在鄉間或城市的街道遊蕩，在任何找得到食物的地方覓食。有些無害；有些不然。我們已經習慣了到處都是流浪狗，但想到牠們的不可預測性，還是必須提高警覺。你不能就這樣停下腳步搔搔阿富汗的狗的耳後，因為你永遠說不準牠是某人家的狗還是生長在野外。身為一個和狗狗一起長大的愛狗人士，且現在又將一隻工作犬視為最親密的夥伴，這對我難說是個難題。但我很快就克服了。阿富汗的狗，特別是大部分農村地區的狗，幾乎都是麻煩。牠們既沒有受到照顧也沒有被愛。即便是那些設法在村民之中找到一個家的狗，在社會權勢等級中似乎也沒有比即將被宰殺的山羊、綿羊和雞來得高。

大多數的狗都沒有被拴住也未經訓練，但也沒有殺傷力。有時候執行任務時我們得把牠們趕走，單純是因為牠們阻礙了我們的目的。不過，有時候狗的出現也不都是討人厭的，有些狗闖進美軍基地後緊張兮兮，接著就被我們當成寵物對待。

我們才剛開始部署幾週，就有一個任務被阿富汗狗影響。當時我們正罕見地在白天巡邏尋找一座院落，試圖要在沒有黑夜掩護的情況下從容應對各種干擾和變數。當然了，每個人都很清醒地著手工作。第一步是要保護院落，將孩童們安置到安全的位置，和成年女人們一起被隔離在庭院中央。男人則另外區分開來接受盤問。

同時間，我開始讓開羅搜尋庭院四周，有條理地搜索一棟棟建築物，將炸彈找出來。一如往常，開羅按照指示動作。牠在每棟建築物外仔細嗅聞，接著進入搜索每間房間和衣櫥以及其他隱匿的地點。這過程很辛苦，且因為我指示開羅在沒有牽繩的情況下走過一個個地點，因此中途有好幾次休息時間。我們走回庭院的途中，突然有一隻巨大的癩皮狗從其中一棟建築內慢悠悠地朝我晃過來。我之前有遇過這情形，所以一開始我完全沒放在心上。

我試著保持安靜，抬起拳頭以為牠就會逃開，大多數阿富汗狗反應都是這樣的，特別是那些接受半馴養、跟村民們住在一起的狗。但那狗沒有跑，相反地，牠佇立在離我大約三到五公尺的地方。牠比一般阿富汗常見的狗來得大隻——當然了，比開羅大，也醜陋很多。我和狗對望，因為我沒有信任牠到可以直接轉身。然後我再次揮舞拳頭。

牠還是沒有動作，而是蹲低身子且又靠近了幾公分。現在我有麻煩了。我不知道牠是有狂犬病還是單純在刁難。牠沒有咆哮或露出牙齒，也沒有表現出好鬥挑釁的樣子。牠只是……待在那，且拒絕離開。這樣就夠擾人了。但真的不要緊，我們有工作要做。情報告訴我們，我們有理由相信反叛者正躲在這座院落，且有壞人的地方就有炸彈。開羅的工作，可想而知，就是要嗅出炸彈或武器或任何躲藏的壞蛋。阿富汗狗正把這項任務置於危險當中。

開羅顯然不在意。就算那狗又靠近了幾公分，開羅還是繼續幹牠的活。牠只要一開啟氣味偵查模式，就沒有任何事能使牠分心——除了那個牠應該要啃咬的壞人的氣味。但另一隻狗呢？牠可能完全沒有看在眼裡。

我繼續等待，等那隻狗僵持到累了離開，通常這種情況都是這樣解決的。但這傢伙有夠固執，讓我們完全無法預測。牠朝我走近幾步，然後將頭歪向一旁。我繼續工作，看著開羅，每隔一下子就看那隻狗一眼——盡我所能一心多用。然後我挺起胸膛舉高手，這使牠稍微後退了一點點。可惜的是，這讓牠將注意力轉到了開羅身上。

那狗停下腳步，轉頭面向我，下一秒又回復到蹲伏的姿勢。雖然我對野狗不太在行，但對犬類的了解已經足夠認出那是具侵略性的姿勢。這傢伙準備有動作了——朝向我或開羅。唯一的問題是，我們誰才是目標？

我瞥了庭院中央一眼，那裡聚集著一小群女人和孩童，隨著搜索持續進行，他們觀看的興致也逐漸降低。我想像若那狗突然攻擊我迫使我必須朝牠開槍的話那些人會怎麼想。

我深呼吸口氣，看了眼旁邊的房間，開羅正在裡頭埋首工作。然後我將目光轉回那隻狗。牠依舊是蹲低緊繃的姿勢。剎那間，牠將頭轉向開羅，我知道接下來會如何了。那狗一瞬間猛力跳起衝向開羅，而開羅對突擊渾然不覺。我完全沒有遲疑，在狗跳起的那瞬間就舉起步槍、瞄準目標、扣下扳機。子彈正中牠的頭部。牠在移動步伐的一瞬間倒地不起，重擊地面死去，離開羅僅僅三公尺。

該死……。

那一瞬間我的情緒相當矛盾：為射殺一隻狗感到傷心又失望；為清除掉威脅，開羅得以繼續工作感到如釋重負；為在一群當地人面前射殺一隻狗感到罪惡。搞不好是他們照顧的狗。至少，是他們認識的狗。

我轉身面對他們。他們似乎完全沒有意識到剛剛發生的事情。沒有淚水，沒有驚恐的尖叫。這隻狗四肢大張地死在地上，鮮血如泉湧般自頭上的傷口流出，而沒有人被這一幕影響，也沒有人在乎。顯然我是唯一一個替那隻狗感到遺憾的人。我是一名馴犬師，現在則成了犬隻殺戮者，在這個離家如此遙遠的世界，這兩件事以某種方式結合在了一起。

第十二章

二〇〇九年六月三十日，在沙蘭前進作戰基地，整個美軍都因一位名為鮑．伯格達爾的美國士兵的失蹤消息而震驚不已。當時我完全不認識這位伯格達爾；沒有人認識他。但隨著後續的幾天、幾個月、幾年，他在軍中變得相當出名，或者說是惡名昭彰。

伯格達爾中士是位年輕小伙子，二十三歲的他於二〇〇八年入伍。但這並不是他的軍旅生涯初體驗，早前他就加入過海岸警衛隊，但連基本訓練都沒有通過。

最終他如何、以及為何又從軍眾說紛紜。不論如何，伯格達爾最後被分發到第五〇一步兵團並被派遣至阿富汗進行部署。要是他某一晚沒有決定要偷偷離開崗位，我猜我們應該會碰面。我的意思是，我沒見過那傢伙，但他的行為對於我還有其他人來說有很長遠的影響，有時還有相當嚴重的後果。

幾乎打從一開始，伯格達爾的失蹤就引起了爭論。他是擅自離開崗位嗎？還是巡邏途中遭俘虜？基地裡的人普遍認為伯格達爾單純只是開溜。不管怎樣，沒過多久，不到二十四小時就有消息傳出他落入塔利班手中。這則消息導致阿富汗之戰迅速有了變化。一瞬間，我們不只是要找出反叛者和其他塔利班的武力好將這些遍佈在這個國家的極惡之人斬草除根。取而代之的是，整個美軍都暫時被重新導向至某件個案：

找出伯格達爾中士，帶他回家。

可以理解此任務的急迫性——稱此為任務有點低估它了；事實上此任務包含了好幾個工作。大致上來看，俘虜失蹤越久，生還的機率就越小。

那次部署剩下的人，任務大多是繞著營救伯格達爾這事打轉。這導致了我們時不時就白忙一場，多個夜晚完全沒有找到敵人，要不就是有些夜晚遭遇到突如其來的暴力襲擊。我就直說了：這打擊了士氣。伯格達爾的行為讓許多人置身於危險之中。我能理解找到他的重要性。政治層面看來，伯格達爾被綁架是美軍的惡夢。而從生而為人的立場來看，這是需要被完成的正確之事。伯格達爾是美國人，幾千公里之外的美國，他的母親與父親都希望再次見到他。帶他回家是我們的使命。

二〇〇九年七月九日那晚，就在伯格達爾遭俘後的第十天，一支突擊部隊被派遣去執行人質搶救任務。現在來看，事實上那次部署的最後兩個月，我們做的所有事情都是圍著尋找伯格達爾打轉，因此所有行動都可以說是人質拯救任務，但就救出俘虜這方面而言，這些任務全都以失敗收場，雖然其中有幾次確實有些附帶的功績：抓到或殲滅了其他目標。

我不是七月九日拯救任務的一員，當時我隨其他小組身在他處，替任務所需清理場地，但我朋友人在現場。那次行動導致了美國人的傷亡，這攸關公開紀錄的問題，所以我在這裡不談論任何秘密資訊。這麼說就夠了，有可靠的情報告知伯格達爾被藏在某個地方，我們便依照情報行事。但顯然塔利班知道我們要來，根據這起任務的官方紀錄所說，載著美軍的兩架直升機在降落前就遭到敵軍猛烈的機關槍和火箭推進手榴彈攻擊。

雖然我方寡不敵眾且遭到猛烈的襲擊，但該小組依舊堅定地朝著目標前進：田野邊緣一棟龐大堅固、戒備森嚴的建築，情報表示伯格達爾被囚禁在此處。

參與任務的人有二等士官長詹姆士．哈奇和二等士官長麥克．杜桑。我跟這兩位都很熟。吉米（詹姆士暱稱）是中隊中較年長，也是我個人非常欣賞、在專業上非常受人敬重的成員。他為人風趣、性情和藹，同時也是個非常勇猛可靠的戰士，以操作員與馴犬師的身分完成過數百場任務。顯然我們兩人有些共通點。三年前，吉米在伊拉克失去了一隻名為史派克的狗。我知道狗狗的死亡深深打擊了吉姆。他常說史派克救了他好幾條命，這其實不難相信。

這次部署之前吉姆就已經卸下馴犬師的身分了，但那晚他走向目標，距他不遠處是一隻名為雷姆科的戰鬥突擊犬。這隻龐大、美麗的比利時瑪利諾犬有幾堂訓練是跟開羅一起，當時帶著雷姆科的是防衛專家麥可．杜桑。就像先前提過的，防衛專家參與戰鬥任務很平常，其中有些人不只是表現得好，發動攻勢時更是和海豹隊員們一樣非常有效率。麥可就是其中一人。我剛開始和開羅一起工作時認識他，從此便視他為朋友。不論身為戰士或馴犬師，他都令我敬佩。

當這排隊伍接近目標時，由吉米、麥可和雷姆科組成的小隊拔腿向前衝追趕他們目光鎖定著、朝著田野奔逃而去的兩個人。這一小組人一路追趕到對方消失在視線內。接著雷姆科被派出，背負著眾人期望負責找出那幫人的躲藏地點。

就在雷姆科向前奔去時，其中一個躲在附近溝渠裡的反叛者起身朝雷姆科扣下 AK-47 的扳機，僅僅在距離隊伍幾公尺處擊中狗狗的頭部，牠當場斃命。但狗狗的壯烈犧牲也揭露了反叛者的藏身位置，即刻開始了一場致命的對峙。雷姆科慘遭殺害後幾秒，吉米．哈奇被擊中腿部。另一名隊員前去幫助時，麥可．杜桑負責應付溝渠，以兇猛槍火了結了兩名反叛者的性命。而後麥可也將雷姆科的遺體帶回到醫護兵治療吉米．哈奇的地點。

而後證實，伯格達爾中士不在這一帶。

大約兩年後，麥可．杜桑因英勇的表現獲海軍軍令部部長頒發嘉獎與銀星勳章。同樣身為美國戰鬥部隊的一員且因公殉職，雷姆科也獲頒了銀星勳章。牠英勇地讓自己成為敵人炮火的目標，讓隊員們得以「一瞬間扭轉戰局」。

吉米．哈奇榮獲紫心勳章，但事實是他的軍旅生涯在受傷當晚即宣告結束。他在醫院待了好幾個月，忍受多次手術與永無止盡的身心傷痛，這是軍人馳騁沙場非常常見的結果。如我所說，大多跟隨你返回家園的都不是你常做的那些事情，而是你沒有做的那些；又或者是你希望你有做，好改變最終結果的那些事。吉米是個很棒的人，也是位英勇的海豹。就像我們所有人一樣，服役的過程中他失去了朋友，其中兩位是拯救他性命的狗。

相信我，這種爛事會壓得你不堪負荷。

第十三章

開羅是我們隊裡其中一個小男孩。

他和我們同住、同寢、同遊、一同訓練與作戰。有時候甚至跟著我們一起惡作劇。

二〇〇九年七月二十九日，我午後醒來，這很常見，因為前一晚我們外出，今晚又要再出動一次。在軍中你學會了幾乎在哪都能睡，以及學會在一瞬間打起瞌睡，因此會看到有人在嘈雜的直升機聲響及顛簸的旅程中，依舊能一路打呼直到降落這種震撼的景象。我看過有人上一秒還在熟睡下一秒就立刻轉變為作戰狀態。我們的心神可以根據適當的情況隨機應變，真是神奇。

也就是說，不斷改變的行程、睡眠不足以及頻繁的旅行會將你的生理時鐘搞得一團亂，因此大夥們利用藥物輔助（例如Ambien，中文名為使蒂諾斯的安眠藥）來獲得充分休息很是稀鬆平常。這挺弔詭的，用使蒂諾斯來幫助你度過從維吉尼亞州飛到阿富汗的十四小時航程沒問題，但在戰場上使用則必須非常小心。出任務時所有人最不想遇到的狀況就是宿醉或腦霧。話雖如此，我們或多或少都有在服用，幾乎沒出過意外。

我的睡眠品質一向不錯，所以不太需要服用，但在這特殊的一天，我在任務之間吃了一小顆藥好獲得必須的休息。睡醒後，開羅正氣喘吁吁，焦慮地繞著房間踱步。我把床鋪抬離地面，讓地上有更多空間，開羅在我腳邊來回移動，露出一個我立即辨識出是罪惡感的表情。

「怎麼了，夥伴？」

開羅嗚咽一聲且仍舊繼續走來走去。我走到房間角落抓起我的靴子，發現它們幾乎是漂在一灘水窪之上。這味道新鮮又刺鼻，馬上可以肯定來源：開羅尿在我的靴子裡了。

「搞什麼鬼，小子？」

我替牠扣上牽繩走到戶外，一出門開羅立刻抬起一條腿，但只尿出一滴。不意外——牠在屋內留了一灘水，泌尿系統裡面已經沒多少庫存了。我站在原地看著開羅一會兒。牠是隻非常可靠且訓練有素的狗。老實說，我想不起來先前有過類似的意外。牠尿在我們睡覺的地方已經夠糟了，但竟然尿在靴子裡？

我稍微想了一下。這真的是意外嗎？我的意思是，顯然這可憐的傢伙必須解放。照理來說，若牠晚上需要小便（或任何我在睡覺的時候），都只要稍微嗚咽幾聲我就會醒來帶牠出去，這次我肯定是睡到沒聽見信號，或者也有可能是牠不高興且想要傳達這份情緒，所以選擇替我的靴子加點裝飾，而非僅僅是不構成任何傷害地尿在地上。

如我所說，頑皮的小傢伙。

也搞不好牠只是想要找個熟悉且備感親切的氣味。誰知道呢？

不管怎樣，我們回到屋內後，我決定稍微惡搞一下開羅。就像我剛剛所說，牠也是其中一個男孩子之一。

「我的腳就要被你搞砸了，那我也要搞砸你的，」我說。「來點穿靴子的活動吧。」

實際上這活動比聽起來還要糟糕。「穿靴子活動」是指替狗狗的腳掌套上小靴子。就像之前說的，我不常讓開羅穿鞋，但行經較崎嶇不平的地形時，或是在可能滿地碎玻璃的市區，靴子會是穩妥、暫時的防護。有些狗相較之下比較能適應穿鞋，開羅則是明顯討厭靴子，偏愛赤腳走路的自然路線，所以我並不常強迫牠穿上；我偶爾才讓牠穿鞋受訓，特別是部署期間。

但現在我有點生氣，覺得靴子訓練應該是個針對牠尿在我鞋子裡適合但無害的處罰。一如往常，牠抗拒穿上；一穿上後走在房裡的模樣便像是提著腳跟踩在滾燙的沙地上。我看著牠笑出聲來，真是可愛到爆。牠會向前一步，然後迅速倒退兩步。接著再向前兩步，倒退一步，真像隻跳舞的貓。我抓起一副護目鏡架在開羅頭上，接著是耳罩——我們戴這個防止耳膜被爆炸聲震破。隨著貓舞跳得越發草率，我在笑到喘不過氣的同時替牠拍了幾張照。事實上牠看起來像個小小超級英雄，他們都是這樣的打扮。

就在這時，另兩位隊員走進屋子。

「起司，你是在幹啥呀？」

「只是跟開羅玩玩，」我笑著說。「牠尿在我的靴子裡。」

「噢，得了吧，老兄。」

開羅像個萬聖節喝掛的醉漢一樣搖搖晃晃，他們倆都得努力憋笑。但他們說的沒錯：雖然開羅是我們其中一員，我深知這點，但牠值得更好的對待，而不是為了取悅我們。因此我摘下護目鏡、耳罩並脫掉牠的靴子，給牠一個大大的擁抱。

「好吧，夥伴。很抱歉。我知道你不是故意尿在我的鞋裡。都是我不好。」

這話千真萬確。若我有醒來帶開羅出去，牠就不會尿在靴子裡了。完全是我的不對。

我讓開羅跟其他人一起出去，然後我們輪流陪牠玩漫長又累人的拋接遊戲。我現在還存著那天牠在屋裡跳貓咪舞步扮演超級英雄的照片。那些照片總能讓我不自覺嘴角上揚。

幾個小時後，我和開羅登上直升機前往下一個任務。即便此時蛛絲馬跡越發不明顯，但我們還在找伯格達爾中士。同時間，我們得到的情報顯示可能有個應急爆炸裝置製作行動。我們兵分兩架直升機，飛行了大約半小時到達目的地。一如往常，計畫是要在降落後安靜地徒步接近目標，但有時候會被反叛者發現。我不確定是不是有人在通風報信或者他們只是聽到了直升機的聲音；總之，我們靠近時，消息傳來無人機拍到四個人匆匆離開目標建築的畫面——一棟茫茫荒野中的大型廢棄樓房。我們別無選擇，只得從空中追趕。

距離拉近後，我可以清楚看見底下的景象：四個人兵分兩路，兩兩一組跨上摩托車——正確來說應該是電單車，急速遠離建築物。那兩台車上都裝載大量裝備，其中幾樣看起來是火箭推進手榴彈和其他種炸彈和槍械。

此時你可能在想，這如何能讓我們陷入困境？我們有兩架載滿海豹部隊成員的直升機，大家都配備最精密高端的武器。何不直接把那些潛逃的壞人轟到外太空呢？

這問題很簡單，答案卻很複雜。雖然這些人肯定都有通過視力和基本常識的測驗，對方是明顯壞事做盡的惡棍（比方說，帶著炸彈逃離眾所週知的炸彈製造地點），但交戰規則表明要百分之百確定才能從空中落下槍林彈雨。我們必須百分百確定這些人都已成年而非青少年時期就被徵召進恐怖分子集團的小孩；我們必須百分百肯定他們真的有挾帶火箭推進手榴彈和應急爆炸裝置；我們必須百分百篤定附近沒有當地居民。

我們必須有百分之百的把握。沒有例外。

這種情況不常發生，我們通常都是降落後再步行前進。我們現在也正這麼做，即使已經少了能夠突擊的優勢。接近目標時，兩台電單車分別朝不同方向疾馳而去，我們也如法炮製。可以說是分頭行動。

大多時候，像這樣的追逐戰都是在空曠的場域進行，但後來電單車駛進了接近山丘頂端的樹叢中。車上兩人跳車，抓起幾個滿載裝備的袋子逃跑。我們讓直升機下降到盡可能靠近林木線後靠雙腿追趕。這樣很危險，我們知道反叛者們握有自動武器、火箭推進手榴彈，誰知道其他還有些什麼東西。再說他們還身處制高點，項我們鮮少讓對方有這項戰術優勢。但我們沒得選，我們不打算就讓他們這樣溜掉。這些人是今晚的目標，我們的工作就是要迅速且在安全的情況下掃除目標。

風勢由左往右，所以我帶著開羅從最右端開始行動，讓牠在風中嗅聞壞蛋的氣味後迎颪朝向他們的藏身處前進。但我們不能只是盲目地鑽到樹叢中，因為那些人全副武裝至備戰狀態，他們可不會雙手高舉乖乖投降。按理來說，有來自空中的支援或是鄰近建物內有狙擊隊伍，我們可以謹慎地掌控大局。然而，諸多條件讓我們既赤裸又脆弱。

在這個高度不穩定的情勢中，下一步動作必須仰賴你的狗。你讓牠嗅聞氣味並準確指出敵人的位置，又或是讓牠一舉將壞人轟出。若這聽起來是件對狗狗來說極度危險的工作，嗯，確實如此。

我拉著牽繩帶領開羅走入風中，牠興奮地仰起口鼻。我走向我們的隊長丹尼爾。

「牠聞到了，」我說。「我們隨時可以讓牠出發。」

丹尼爾點頭。「好。你準備好就出發。」

我解開開羅的牽繩，從背後拍拍牠。

「去！」

牠朝林木線衝去，就迅速捕捉到一絲氣味。我已見過開羅如此行動十幾次，每一次依舊敬佩不已。意料之外的是，那裡有一座與林木線平行的水泥或石頭矮牆，差不多一、二公尺高。開羅輕輕鬆鬆就跳過障礙繼續前進。牠的頭上下擺動，積極有衝勁地沿著林木線工作，穩步從東邊走往西邊。每次我讓開羅去找尋目標，牠都會面臨受傷或是被殺害的風險；這就是這項職位的使用說明之一。但以下才是其中最危險的狀況：讓牠進去一片滿是武裝反叛者的隱蔽區域，且那些人幾乎都是已絕望到不顧一切的地步。

我不希望這聽起來像是我們處於一個絕對不利的情勢，或是我們不習慣在如此景況下戰鬥。我們訓練有素且有科技的優勢，最先進的夜視護目鏡讓我們得以細察田野和樹叢，視線清晰到仿若白日，我們人數與火力都大大勝過敵方。

而且我們有開羅幫忙抹滅掉對方的這項優勢——藏身於未知之處的優勢。

開羅持續追尋氣味；顯然牠正對某物做出回應。有一下子，我看到牠穿行於樹林內外，但牠繼續沿著林木線搜索時，漸漸離開了我的視線範圍。我站在右側時牠正在林木線的最左邊，最接近隊長的位置。

剎那間，僅僅幾秒後，我聽見了槍響。當時我們待在山坡的這一側，其他幾名隊員已經去到了遙遠的左側。從我這個制高點看過去，不確定那裡發生了什麼事。但槍響傳遍整片原野，顯然開始交戰了。

「開羅！」我大喊。「放！」

雖然我看不見現場，但槍聲就是召回狗狗的信號。最好的狀況是我們的成員找到壞蛋並與之展開激烈戰鬥；這我們勝算很大。然而一旦子彈開始劃破空氣，開羅捲入其中一點好處都沒有。牠會使隊員分心，而且，顯然會置身危險。

我再次大叫牠的名字，讓牠的電帶小小通電一下，並開始朝林木線的左端移動。遇到這樣的狀況，馴犬師的工作立刻變得複雜，因為此時他不僅是突擊隊的一員，同時也要負責隊狗的安全。我再按一次電帶開關，大吼：「開羅！放！」腳步持續向前行動。我看向左方時，AK步槍槍口的火光在地面上閃動，敵人顯然藏身在樹叢中。我也看見我們的同夥以炮火還以顏色。

我繼續呼喊開羅，一路上都緊握手中的步槍，但距離還太遠沒法加入戰局。我不確定到底過了多久，但隨著時間流逝，開羅出事的事實變得明顯。牠是隻聰明且忠誠的狗；就算是正在啃咬敵方，感受到電帶也會立刻予以回應。考量到目前戰鬥的強度，還有槍火的數量，看來開羅並沒有擊倒任何一個壞蛋。事實上，發生悲劇的可能性非常大。

「開羅！」我重複叫喊，腳步持續移動。「過來呀，夥伴！放！」

最後，我看到遙遠的距離之外有東西在移動。是開羅！牠出現在三十或四十公尺之外的樹叢。我再次叫牠的名字，這次的音量足以在夜晚的空氣中被聽見，甚至不會被槍火的爆裂聲蓋過。所有事情都在頃刻間發生，但時間仿若靜止不動了。執行任務時常常如此，所有事情都像是以慢動作開展。我看著開羅走向我，立刻震驚於牠不是跑步，而是踉蹌地走過來。牠追隨的是我的聲音還有氣味。

我以最快的速度跑向牠，但還差幾步牠便不支倒地。牠不是停步然後倒下，是移動的途中便側身倒地。

可惡……牠死了。

就是這麼簡單。我沒有悲慟。我沒有驚慌。我們還有任務需完成，而開羅不再是一分子了。牠走了。

看起來好像是這樣。

掃過空氣的槍聲逐漸微弱。我在開羅身邊跪下，月光映照的夜空之下，我可以看見牠的毛皮濕潤，並覆有一片深色的物體。牠的雙眼僅張開一條縫隙且呼吸相當吃力。直覺和經驗告訴我這場戰鬥結束了，或者至少可以說是還在掌控之中。我們有十幾個人，敵方只有兩人。還有三十個反叛者躲在樹林中的機率微乎其微。到了清理時間了，我負責處理開羅。我一手沿著牠的背心移動，感覺到那裡有個浸滿黏答答液體的洞。我拍拍牠的頭。

「再撐一下，孩子。」

牠還活著簡直是奇蹟；老實說，一條狗會受傷都是遭到近距離的攻擊，而生還率很低。但開羅非常頑強。或說幸運。也可能兩者都有吧，我猜。

我陪在開羅身邊的時候，其他一名隊員脫隊朝我們走回來。我們遭遇FWIA（友軍負傷）的消息已經透過無線電傳出。戰鬥中途或是戰鬥結束後最不想聽到的消息就是這個，而這名友軍是開羅的事實無法帶來一絲安慰。牠是隊伍的一分子，是我們的隊友。

前來幫忙的人之前是戰地軍醫。他立即著手治療替開羅治療，展現的急迫性與專業就好像傷者是人類。我脫掉開羅的背心並將我總是隨身攜帶的犬隻醫護用品交給醫生，然後溫柔地替開羅套上嘴套。雖然開羅通常都很友善也認識我們倆人，但誰也說不準牠會如何應對疼痛還有被攻擊的創傷。我等著牠失去意識，但牠卻一直保持清醒，雖然整體反應並不是很機敏。

「我們會治好你的，開羅，」醫生說。「放心。」

醫生撕開紗布塞進開羅胸膛的傷口時牠幾乎沒有反應。一片又一片的紗布，越塞越進去，醫生的手指消失在洞裡。傷口滿覆鮮血，傷勢極為嚴重。醫生的手在洞裡翻來覆去試圖止血時，開羅疼痛地不住吼叫且扭頭，嘴套不停擊打醫生的手。

「我很抱歉。」他說。

我一手按揉開羅的背部試著安撫牠。大概才過了一下子，醫生就說開羅胸膛的傷勢已經穩定了——至少以戰場上的標準來看是如此——並開始溫柔地用手探尋開羅全身。此時牠滿身是血，且照明相當不足，所以很難確定是不是還有其他傷口。結果證實，還有另一顆子彈擊中開羅的右前腿。那肯定痛到爆，但跟胸部的傷口相比，這應該只是個小問題。對於人類和犬隻來說，在戰場上胸膛受傷都很糟，也更加致命。

幾分鐘後醫療救護直升機抵達，我和醫生將開羅抬入機艙，一起飛回沙蘭，在那裡有一組醫生替牠治療了近兩個鐘頭。這裡說的醫生指的是**內科醫生**，是負責治療人類軍人的人士。你看，沙蘭沒有獸醫，所以開羅和軍人擁有同等規格的對待。我全程都在現場，而那些人——醫生、護士真的非常傑出。我不敢相信他們動作如此迅速有效率，以及他們是如何不把開羅當作一條狗，而只是視牠為一名美國武裝部隊受傷的戰士。他們施行緊急氣管切開手術清理牠的呼吸道，如此牠才不會被自己的血嗆死。他們替牠裝上胸管，替牠的腿部裝上支架好固定傷口，並防止股骨斷裂。

簡單來說，他們拯救了牠的性命。

而這晚尚未結束。開羅一脫離險境，就立即被抬上飛機載往巴格拉姆空軍基地，那裡是距離最近駐有獸醫的軍事基地。巴格拉姆是阿富汗美軍基地的始祖，因此配有處理各種醫療情況的設備，其中包含了治療工作犬的一切所需。嚴格說來，我其實不需要過去。牠是一隻突擊犬，需要的是經驗豐富的照看，而巴格拉姆有其他馴犬師。

我去是因為開羅是我的狗。我想陪著牠。雖然我覺得牠受傷不是我的責任，這是難免的結果與可預期的風險，但我依舊覺得該為牠負責。牠是在進行我指派給牠的任務時受傷的。而稍後進行任務匯報時我發現，牠表現得相當出色。

慢慢挖掘出某一任務的細節這事並不稀奇，幾個小時甚或幾天過後清晰且簡練的事件全貌才會慢慢浮現。這次的例子中，任務撤退時我跟開羅正在空中。但之後我發現牠的英勇搞不好拯救了多條性命，也肯定影響了整起任務的結果。

事情的始末如下：

開羅追尋矮牆與林木線之間的氣味時，遇到了兩個壞蛋。其中一個在地面用閃光彈設法誤導我們，引誘我們進去；另一個人則是在樹上，躲在比較低處的枝幹上。開羅對付地上那人時——我只希望牠有好好啃咬一番——另一人從高處射擊。兩發子彈擊中開羅，一顆打中胸膛，另一顆落在腿部。這迅速終結了開羅的戰鬥，也立刻暴露了反叛者的所在位置，讓我們的隊員們得以前進並殺掉對方。

槍火交戰之初，我大聲呼喊開羅並動用電帶試圖召回牠。令人驚異的是，即便身受重傷牠仍然聽令行事。因為傷勢而無法跳過矮牆，開羅只得一路繞過它走向我。我不知道當時牠究竟遇到了什麼事，毫無蛛絲馬跡顯示牠遭受的掙扎。我只是不停地呼喚牠並一直啟動電帶，嘗試讓牠脫離戰火之中。牠做到了。拖著近乎破碎的腿與胸膛上偌大的傷口，開羅蹣跚地回到父親身邊。

所以說，沒錯，我陪牠一起去到沙蘭，再到巴格拉姆，至少我能做到這些。

第十四章

我整晚都待在開羅位於巴格拉姆獸醫醫院病房的地上，一手撫著牠的後背，希望能給予些安慰。雖然牠看上去痛不欲生，但謝天謝地，我想頭幾個小時牠應該沒有感覺到太多苦難。牠的胸膛纏滿繃帶，右前腿上裹著石膏紗布（稍後替牠插上金屬板固定的獸醫與工作人員會在上頭簽名）。牠的臉和身體都因類固醇和靜脈注射液而腫脹。

這可憐的傢伙看上去活脫脫就是個受傷的戰士。

那晚我沒什麼睡。我實在太擔心開羅會屈服於牠的傷勢。若真發生了什麼，我希望我會是在清醒且警覺的狀態之下，才能立即叫喚醫療人員。若牠真的走了，我希望我的臉會是牠生前最後見到的景象。我想緊緊摟著牠訴說我有多愛牠，以及隊上所有人是何等尊敬牠且感激牠的犧牲，牠至少該獲得這些。

這對牠來說有意義嗎？我不知道。可能沒有。但對我很重要，也對中隊裡的所有人至關重要。夜幕降臨時，我靠近開羅毛髮蓬鬆的軀體並輕柔地撫摸牠的後腦勺。我再次告訴牠，牠幹得很好，我相當引以為傲。過去一年中我無數次在夜晚將牠輕推下床，或是搶過毛毯讓自己好好睡一覺，但此時，在醫院恢復室冰涼的地磚上，我只希望盡可能靠向牠。我待在牠身旁，就如同我倆處境交換的話，牠也會陪在我身旁一樣。

麻藥和止痛藥的鎮靜效果還沒消退，開羅對周遭似乎沒有意識。牠的呼吸又淺又吃力。醫療人員展現卓越能力治療牠，但我仍舊忍不住懷疑牠能否撐過去。

老實說，牠能撐到現在真是奇蹟。部署生活中難以避免的傷心事實就是狗狗遇到了手握武器的壞人，結局通常是他們倆共赴黃泉：壞蛋射殺狗；好人擊斃壞蛋，結束。

但這次不一樣。

天亮時，開羅開始恢復意識。牠的臉還是腫得誇張，顯然也正忍受極大痛苦，但牠睜開雙眼稍稍舔了我一下，看樣子牠清醒多了。

「嘿，夥伴，」我說，輕輕揉了揉牠的頸部。「歡迎回來。」

開羅朝我依偎過來發出一聲哀鳴。醫生很快踏入病房替牠檢查，表示傷口很乾淨且癒合得很好，並向開羅的堅毅與耐力致上恰如其分的敬意。

「嘿，孩子，」其中一個護士說。「試試看站起來吧。」

開羅顯然聽不懂，但表情像是在說：你瘋了嗎？

我們一起緩慢且小心翼翼地幫牠站起身。前一天牠還很健康——一隻健壯又熱切執行任務的工作犬。所有軍犬都很熱情且活力滿滿，但即便是歷經篩選的最後少數群體之中，開羅仍舊是數一數二熱情的那個。牠精力無窮，似乎從不疲倦。牠有辦法把我們所有人都操垮。

但現在牠全身腫脹、雙眼模糊，沒有人類的引導甚至連一步都無法邁向前。牠悲傷得看向我，蹣跚緩慢地前進，每一步都僅有幾公分長。

「做得很棒，」我說。「真是以你為榮。」

我以為牠應該沒辦法走過恢復室內幾公尺的距離，但我真是太小看牠了。當開羅一搖一擺的前進時，似乎也獲得了信心。牠的步態筆直，步伐稍微加快。別誤會——跟牠往常不論日夜都每小時一百六十公里的速度相比，現在的開羅是慢動作前行。但事實是牠靠自己前進，儘管眼神呆滯、臉部腫大、步履也明顯不順暢，依舊值得慶祝。雖然醫生們努力不要太過激動並試圖拿捏樂觀的程度，但我仍舊忍不住覺得開羅好像已經度過了風暴。

「你會好起來的，對吧，孩子？」

牠的回應就是繼續向前走。走出房門、穿過走廊、踏出後門，等在前方的是一片範圍廣大、開闊的塵土與岩石。自手術後或是有生命威脅的創傷復原的過程中，狗狗所遵循的規則和人類有些非常顯著的相似之處。對兩者而言，步行都很重要。病患起身下床能加速復原也能獲得積極的態度。開羅正在移動。這是好徵兆。再來，你會想知道全身系統都有正常運作。人類經常在手術中或是漫長的鎮靜劑藥效之後被插上導管；一名受傷的軍人能夠自行排尿即代表他是一位正在逐漸康復的病人。

對開羅而言，步行是必須的。牠走出戶外暴露於沙漠豔陽下時直覺低下鼻子嗅聞。我在牠頭上架了副墨鏡，好幫助腫脹的雙眼抵擋強光，但牠看來似乎一點都不受影響。然後牠跟平常一樣到處嗅聞找一個適當的撒尿地點。一下子就找到了。牠的體內被注入大量靜脈注射液，這可憐傢伙的膀胱大概快爆了吧。按理來說，開羅這年輕且未結紮的男子會抬起一條腿噴灑出自己的領地。然而，今天牠累到只是蹲下，輕輕地尿在底下的地面。牠解放的同時，我笑著再次拍拍牠的背。

「沒啥好羞恥的，老兄。解決了就好。」

那三天我在開羅身邊幾乎是寸步不離。我的指揮官和隊友們完全能夠理解我想陪著開羅直到牠狀況穩定後的渴望。我和牠一起出門，帶牠一起花許多時間慢慢走路，以手餵食直到牠能夠自己進食，而這通常只是為了讓牠知道我有多麼關心牠。牠的復原能力相當驚人。才第二天，醫生就很確定開羅已經脫離險境；牠會完全康復。

完全康復這個詞總是有待解釋。醫療人員用這個術語指稱那些相對於沒有受到傷痛與疾病折磨的人，以及再次重獲健康與恢復完整生活的病人。我的定義稍微不同。畢竟，開羅是隻戰鬥突擊犬，那是牠被養育與訓練的目的。

「牠還能工作嗎？」我問其中一位醫生。

他聳聳肩，笑了。「難說。或許吧。」

康復三天後，是時候回去工作了。對我而言意思是要飛回沙蘭回歸中隊。而對開羅來說，是踏上回家的旅程。

嗯，也不是真正的家啦。牠的目的地是位於德州的拉克蘭空軍基地，那裡有由第三十一訓練中隊負責監管的防禦軍犬項目，負責於世界各地尋找並分配狗狗們至各軍事設施。一千兩百多公頃的土地上有超過六十處訓練場與七百間犬舍，拉克蘭無疑是世界上最大同時也是設備最齊全的軍犬訓練中心。此外，這裡也是最佳的犬隻醫療照護中心與復健場所，這些正是開羅所需要的。

牠即將前往拉克蘭是件好事，代表牠還未被視為長期的失能。現在還沒。牠會擁有一切幫助自己恢復健康的機會，繼續以隊伍中重要成員的身分生活下去。自私一點，我希望牠康復回歸我們的中隊不只是因為牠是優秀的工作犬，同時也因為牠是我的夥伴。牠是我的狗，我是牠爸。

倘若牠退役了，我會非常想念牠的。雖然狗狗因為受傷或年老退伍後，軍方長期以來都有讓馴犬師與他們的夥伴們重聚的慣例，但並不保證一定見得到。尤其我依然是位在職的馴犬師。即便開羅的傷勢嚴重到遏止了牠回到特種部隊服役的可能，依舊有其他適合的職位——比方說替警方工作，專職於氣味探測。要想嗅出炸彈或毒品，不一定非得是超級英雄也不必特別強健。

開羅才四歲。軍方投入了上萬美金照護與訓練牠，牠也證明了這些投資一點也沒有白費。不論腿是否廢了，毫無疑問牠依舊能在別的崗位繼續擔任工作犬——軍隊或警界皆然。牠年紀還小無法被送去牧場。唯一的問題是，牠到底傷得多重？在拉克蘭牠會接受評估，並接受訓練與復健計畫。

美軍是世界上最大的官僚機構之一。因此，有時候海軍內部的事情進展會非常緩慢，但仍舊有些時候軍方的動作會無比快速有效率。就在牠差點戰死沙場的三天後，開羅在第一時間被空運出巴格拉姆前往德州，陪伴牠的是防衛專家麥可，也是我的其中一位夥伴。

事實上這是麥可當週任務的後半段；前半段是要陪另一隻戰鬥突擊犬從維吉尼亞前往阿富汗。那隻狗是布朗克，是隻於初步訓練課程中差一點成為我的夥伴的同一種瑪利諾犬。

麥可和我花了一天分享故事經歷並和狗狗們一起玩。布朗克和我必須要重新認識彼此，因為剩下的部署時間我將是牠的馴犬師，差不多為期兩個多月。而麥可跟我一樣愛狗，希望能夠在將開羅帶回美國前花點時間跟牠相處。

午後，我打包好開羅的裝備，放上即將載著牠橫越大半個地球的巨大貨機。將牠關進籠子前我們拍了幾張照片。我請麥可好好照顧開羅，也承諾會顧好布朗克。我給了開羅一個擁抱，關上籠子的門。

「再見了，孩子。」

兩個多月後我和開羅才再次相聚。工作是工作。身為海豹，你得學會拋下那些情緒化的東西繼續工作。妻子、女友和小孩多個月來被拋在身後；朋友、戰友成了殘廢及陣亡。事情發生時你和所有人一樣悲痛欲絕；你飽受思鄉與心痛所苦，但這些你都要隱藏起來。這份工作遠比你還有你的問題重要，在你申請加入時就該知道這點。五分鐘後我與開羅道別，從麥可手中拉過布朗克的牽繩，開始安排返回沙蘭。數小時後，我回到我的房間，將我們新的工作犬介紹給中隊其他成員。

有些人之前就見過布朗克；就像我說的，牠是隻友善又愛玩的狗，初次見面給人的印象比開羅更討人喜歡，因此輕易地就融入了隊伍中。隔天晚上我們初次一同執行任務。一切都很順利平靜。的確，剩下的部署時間大多都可以這麼形容。尋找鮑．伯格達爾對我們而言依舊是棘手又令人沮喪的事，錯誤的目擊和粗略的情報週期性地將我們的任務帶往……嗯，一無所獲（他要擺脫囚禁還需要五年時間）。不過還有其他任務，找到壞人和武器的成果較為豐碩——這本來就是我們最擅長的事，可以提供立即的高度回饋和積極有力的後援。

布朗克是隻非常棒的工作犬，事實上更勝於此。就像開羅，牠也非常聰明可靠，靈敏的嗅覺可用來追蹤氣味和擒獲獵物。牠毫無破綻。最剛開始時我很樂意用投硬幣的方式決定哪隻狗更適合我；牠們倆是如此相近。然而現在，跟開羅相處了那麼長時間後，以及毫不誇張，一同在戰場上出生入死——我的想法似乎有點改變了。

我覺得開羅是我見過最棒的狗，戰場之內之外皆然。我對牠的尊敬與感激、牠所做的犧牲，可能會影響我對布朗克的看法。布朗克毫無缺點；我只是不知道該如何適當地帶領牠。我們合作關係中出現的任何破綻都是我的錯，不是牠的。布朗克是隻很棒的狗。

但牠不是開羅。

很多人都非常喜歡布朗克。我記得我們在維吉尼亞第一次碰面時，牠是個頑皮討喜的傢伙，很隨意地就在屋內到處逛逛。諷刺地是，一開始就是這特點吸引了我，但現在，我卻較為欣賞開羅那種更內斂且公事公辦的儀態。不是說開羅不友善，而是需要一點時間來得到牠的熱情和尊重。我花了將近一年才得到這個結果，在整個過程中，我和牠變得相當親近。我們合作無間。出任務時我完全能夠像是依賴其他隊友一樣依賴牠。我挺牠，牠也挺我。

若我一開始就是布朗克的馴犬師，情況就不會是如此，但現在，開羅和我相處了那麼久，再加上牠在執勤時幾乎喪命卻還努力確保隊友的安全……嗯，只能說這個轉變令我有點掙扎。這其中沒有明顯的錯誤，沒有所謂人狗之間的衝突，我單純只是覺得布朗克和我沒法真正產生連結。牠有點難掌控，有點像是青少年那樣暴躁——至少跟開羅相比是如此。這點使我沒法對牠產生足夠的信任與自信。我猜這遲早會有所改善，但我們只有幾個月的時間相處，雖然我知道布朗克最終可能會變成我的狗，但我仍舊將我們倆的結盟視為暫時的事件。

直到有人告訴我，開羅依舊是我的狗。

剩餘的部署期間，我定時會得到開羅的消息：牠的傷口痊癒了，整體恢復良好。我聽我在拉克蘭的朋友說，這裡的犬隻項目非常棒，他告訴我開羅會獲得最好的醫療照護及最先進的科技與器材，牠受到無微不至的照料。當然，我不知道、也沒有人有辦法預料的是，牠有沒有辦法恢復健壯到足以再次執行軍犬的職務。

破碎的股骨會不會導致牠摔跤？胸部的傷口會不會影響呼吸？雖然牠的身體努力復原了，但心理狀態呢？開羅不是人類，但也不是機器。狗狗有可能非常容易受驚，且就算是最有天分、訓練有素的戰鬥突擊犬也可能有創傷後壓力。開羅遭到近距離射擊。我們有認識遭受相等程度創傷的人，他們從此退役並不稀奇，或者至少是不在服役於需要打仗的職務。狗狗們也一樣。你被槍擊、被炸傷或其他重大傷害，有可能從此之後你再也不一樣了。海豹部隊與眾不同只是個假象。我的意思是，對，我們確實不同。我們獲得更好的訓練，也可能有更強大的戰鬥意願且不輕言退出。

但事實是……被槍擊真的很慘。即便你幸運地存活，心智狀態也會跟身體一樣被搞得亂七八糟，這將會改變你的人生以及你看事情的方式。事實就是這樣。我們不是超級英雄；開羅也不是。

十月我離開阿富汗。這時開羅還在德州，接受世界級的訓練和復健計畫。我持續收到獲得好消息。醫生與訓練員指出，開羅的身體幾乎完全康復了；沒有理由不能回到戰場。然而牠的精神狀態呢？我很好奇。牠的內心如何。還會是我認識並深愛的那隻狗嗎？牠會不會緊張或害怕？還會有同等的工作動力嗎？

若我們再次部署會發生什麼事？牠對夜半時分顛簸的直升機航行會有何反應？對閃光彈、槍火和炸彈呢？牠還會像過去那般帶著無畏的熱忱衝進漆黑的房間嗎，或者是坐下拒絕行動？

嘿，老爸……我現在真的很不想。我怕怕。

那我該做何反應？同情？生氣？底線是：若你無法工作，就不該出任務，任務中的性命是危在旦夕，就是這麼簡單。多年來，我看過許多人突然消失於特種部隊；那些人原本無所畏懼，剎那間卻失去勇氣並開始以各種方式質疑自己。發生這種事情時——砰！這個人就不見了。大家都替那些人感到難過，但也能夠理解戰場上需要這種零容忍策略。若你不是百分之百確定自己適合這份工作，或許就正是退開的時候。

這裡沒有犯錯的空間。

實際上開羅沒有發表意見的權利。牠會接受觀察和測試，若狀態能夠執勤，牠就會返回戰場。時間會證明一切。

幾週後，我接到電話說明開羅已經離開拉克蘭回去維吉尼亞了。我立刻從家裡開車過去犬舍看牠。最奇怪的是我對迎接一隻狗感到強烈的興奮與期待。再說一次，對我而言開羅遠遠勝過於此，特別是現在。我很好奇牠的反應會如何。還記得我嗎？會焦慮嗎？我的出現會不會令牠回憶起那生命中最糟糕的夜晚？

我停妥車後徑直走向犬舍——甚至完全沒有停下來與任何人交談。開羅一看見我從幾公尺之外走近時立刻開始跳上跳下，牠興奮的嗚咽聲讓我不禁露出笑容。我一開門牠就飛撲進我懷裡，用後腳站立，讓我用手抓住、或是用胸膛撐住牠的前肢，開羅喜歡用這方式迎接我。然而，這次牠熱情的力量差點一把將我撞倒。

我大笑。「嘿，老兄！最近如何？」

開羅在我身邊手舞足蹈，像隻競技表演的馬跳來跳去，還用嘴套頂我。我一隻手穿進項圈將牠拉進，讓牠的氣息噴在我的臉上。一如往常臭死了。但我一點也不在意。

「沒事了，開羅。爸爸回來了。一切都會很好的。」

和開羅相處的第一年中大部分時間，犬隻項目就和海豹訓練大同小異，是具有高度的專業性和責任，以及所有金錢能買到的最頂級設備與訓練。但是，也有一定程度的鬆散。大體來說，在儀容和時間表方面，海豹們比傳統水手和士兵擁有更多自由（長髮和蓄鬍都可被接受）。只要你做好工作，沒人會管你這種小事。總體看來，可以指望海豹們自願熱情地完成工作並接受使他們變得無與倫比的訓練，那樣的人不會被驅逐。

這樣的彈性也延伸至犬隻項目，馴犬師被鼓勵不只是透過訓練和部署與狗狗們培養感情，同時也透過日常生活，有兩間學校負責教授這點。其中一間學校相信並教導狗狗與馴犬師的關係是神聖的。至少，在軍隊的各種關係中是獨一無二的。馴犬師和他的隊友們在工作上依賴狗狗也將性命交由牠保護。狗狗則依賴馴犬師盡可能安全地引導牠度過整個過程。這是種基於相互尊重與信任產生的緊密共生關係。當然了，還有愛。

你不會願意搞砸的。這很脆弱，也很特別。為了促使這樣的連結，也為了鼓勵馴犬師不僅僅將自己定位為狗狗的保姆，馴犬師們在發展這層關係方面被給予相當大的自由。狗狗不僅是工具；更是家人之一。嚴格說來，犬舍是狗狗的家，但若馴犬師想要將牠帶回基地外的公寓過一夜，或是兩三夜……嗯，也是可以的。每個人都只會睜一隻眼閉一隻眼。開羅待在我家的時間跟待在基地裡不相上下，儘管我毫不懷疑牠是隻更為優秀的工作犬。

任何關係之中，你花越多時間陪伴某人，就越了解他／她。

開羅懂我。我也懂牠。

然而，另一間學校抱持不同看法，反映出在軍隊裡有時會遇到更為傳統和僵化的思維模式：規矩就是規矩，不容違背。絕不。若你打破規則，則有不良後果。現在我懂了。你不會因為特立獨行而成為海豹一員。你了解了身為團隊一分子並接受了團隊精神的重要性，包括了其中所有規矩和期待。但在這樣的框架中，我們還被鼓勵要做決定——有時是生死攸關的決定；還要練習做出合理的判斷。我們應和長官，但每項任務都得做決定，據了解，過程中我們受過的訓練和經驗將會引領我們。

所以說，假若我想帶開羅回家讓我們倆更開心並加強連結，那麼，誰管你呢？

事實上，還真的有人會管你。但是是出於善意。開羅是隻優秀的狗，是聽從指揮化身可靠又無畏的獵人，暫卸下海軍身分時是可愛又活潑的同伴。但牠也不是普通的小狗。工作犬這個詞太過和善，我總是盡可能以攻擊犬稱呼犬隻項目中的所有狗，包括開羅。這個描述不是那麼細膩或友善，但卻很精確。這是事實。戰鬥突擊犬是被養育訓練來追蹤和作戰的。牠們聰明、可靠又訓練有素外，有時也難以預測，特別是在無法控制的環境當中時。你不能就這樣帶著狗，尤其是正在執勤的狗，讓牠毫無顧忌地衝入當地居民中，少數成員例外。這太危險了。

開羅就是個例外。

我會讓來我家作客的夥伴或女性朋友們帶開羅出去，從來沒遇到麻煩。牠似乎天生就明白工作和玩樂、朋友和敵人之間的差異。但我還是相當謹慎，尤其是早期的時候。不幸的是，有些馴犬師對待他們的狗比較粗心，坦白說，有些狗不應該讓牠們離開犬舍。我明白規則如此，也無意反對，但我以為只要開羅沒有出意外，我就可以繼續帶牠回家，沒有人會抱怨。

我錯了。開羅回到維吉尼亞時，犬舍的規定變得更加嚴格。我不知道細節——不知道是跟當地居民有關，還是犬舍裡有人覺得有馴犬師在濫用特權。不管怎樣，事情有了變化。我早先就被警告過，雖然開羅仍然是「我的狗」，但幾乎所有時間都必須待在犬舍。

但這是牠回來的第一天。所以……我完全不理會規定。

「嘿，老兄。我要帶牠回家，」我對管理人員說。

他只是笑了笑。「好的，沒問題。」

總之管理人員可以理解也不介意。可能會找我麻煩的是犬舍經理。但他不在，所以我大大擁抱了開羅後帶牠走往卡車。牠看起來強壯又健康，但我們走過大門進入停車場時，我注意到牠的腳步有一點點蹣跚。跟上次手術後一兩天我見到牠時相比輕微很多，但問題依舊存在。牠右前腿的傷已經痊癒，但隨後安裝進去的金屬物造成了影響。這不代表開羅不再是優秀的工作犬，但行動會稍微緩慢且稍稍遲鈍一些。至於牠適用於戰場上的性情呢？有待觀察。此時此刻，牠跳進我的豐田坦途並蜷縮在我身旁，似乎還是從前那個討喜熱情的狗狗。

「回家囉，夥伴。」

就和所有工作犬一樣，開羅的飲食和日常作息非常嚴格。早上兩杯乾糧，傍晚兩杯。每餐後都要運動和排便。若你發現狗狗能接受這些，那一切都沒問題，但狗就跟人類一樣喜歡好的食物，牠們也偏愛開心地大快朵頤眼前所有美食。工作犬尤其如此，因為牠們的卡路里消耗量相當大。每隔一段時間，特殊的日子時我都會讓開羅享受一番。

我們回到家那晚，我烤了兩大塊牛排——我一塊，開羅一塊。既不是便宜貨也不會過硬過老。菲力牛排，頂級牛肉。我把肉切成能入口的大小用手餵牠，這樣牠才不會吞太大口而噎到。吃完後我們一起坐在沙發看電影一路看到睡著。

有時候，我會在半夜醒來關電視。我走進房間鑽進被窩裡，開羅馬上跟著進來。

「上來，孩子，」我輕拍床鋪說。牠不需要第二次邀請。一如往常，開羅整晚都依偎在我旁邊，霸佔整張床擠得我滿頭大汗。但我一點都不介意。

我的狗狗回家了。

第十五章

即使有預防還有防咬裝，再加上高度專業知識，意外還是會降臨在經驗最豐富的馴犬師身上。如我所說，開羅第一次真正的啃咬不是在部署期間，而是於維吉尼亞訓練初期的時候，牠咬了我朋友安傑洛的小腿。

一年多後，我以第一次被咬為此事付出代價——確切地說，凶手是安傑洛的狗，一隻名為亞銳的瑪利諾犬。當時我已經跟開羅一起部署過一次；見識過戰鬥突擊犬會如何對付人類不下一次，但我從未在完全沒有防護墊的保護之下被咬過。那真的可以說是相當令人印象深刻。

事情發生在週五午後，就在我出門工作之後不久。我去到犬舍，安傑洛問我可否幫他一個忙。

「當然，」我說。「走吧。」我沒別的事情，我愛我的工作，而跟安傑洛一起做事總是很有趣。

我們一起開車到訓練中心，差不多二十分鐘路程，接著開始著手周圍防護、氣味追蹤和啃咬工作。我的任務是要幫助其中一個較菜、準備充當誘餌的馴犬師穿上防咬裝。外部的場景是亞銳會離開車子，衝進一旁目標躲藏的濃密雜草或高聳的樹叢中。當時亞銳已經經驗老道，沒多久就找到馴犬師開咬。

那人即刻放聲尖叫，這是可以預期的；這是練習的一部分，要讓狗狗獲得跟戰場中會遇到的情景類似的經驗。畢竟真正的啃咬很有殺傷力，受害者總會尖叫的。我希望每件事都能順利，所以開始走入草叢中。在那裡我看見馴犬師躺在地上，亞銳正咬著他的手腕。那人將手伸進防咬裝中以求保護，但亞銳的尖牙非常接近沒有防護的部位。那看起來就像是他已經按照計畫抓住亞銳了，但中途卻失去了平衡，現在，身為一個相對經驗不足的馴犬師，他的麻煩大了。這樣的狀況下，亞銳可能會調整牠的啃咬，也就是說會鬆口一秒再接著咬住其他部位——可能是手甚至是臉部。

我走過去抓住亞銳的胸帶。下一步我輕輕壓著牠的背部，這個動作一樣是標準的操作程序，因為這通常能促使狗狗維持動作，而非轉往更脆弱的部位。安傑洛很快就會趕來，下令停止動作後整個練習便能安全劃下句點。我沒料到的是，當時安傑洛正好啟動亞銳的電帶，要牠鬆口返回。這樣多重的刺激：啃咬、電帶的衝擊，還有放在牠背上的手，逼得亞銳抓狂。突然間，牠鬆口了，轉身咬住我的膝蓋。

「噢……靠！」

我第一個想到的事情是……嗯，真的很痛。第二個念頭是，我要怎麼擺脫這事？

我還抓著亞銳的胸帶，但現在牠緊咬住我的膝蓋。

「亞銳，」我鎮定地說。「放！」

我很了解亞銳，牠也懂我。但當我看著牠的雙眼時，沒有看見一絲理解的神情。亞銳是戰鬥突擊犬，現在正開啟突擊模式。這不是牠的錯，牠就是為此接受訓練。

「亞銳！」我再次開口。「放！」

這次牠鬆口了，但只有一下下。我逮到機會反應之前，牠又咬住了我的二頭肌。就跟膝蓋一樣，被咬的感覺不像是被某個鋒利的物品割傷，而是像被球棒痛擊一番。我明白了，被咬傷就是這感覺。

這時，我深知亞銳沒有打算收口，所以冷靜且緩慢地站起身，讓牠掛在我的手臂上。我提著牠的胸帶，肌肉才不會被撕下，牠也才不會嘗試調整啃咬，接著我開始朝安傑洛及其他隊員們走回去。

慢慢地。冷靜地。

面對此種情況，規定是要用簡單的詞彙讓所有人知道狀況有多慘烈：

真正的啃咬。

我沒有大叫，也沒有試圖逃跑。我只是讓亞銳在我的手臂上晃盪，並重複說著：「真正的啃咬……真正的啃咬。」

安傑洛立刻上前來要亞銳放棄戰鬥。接著他送我到醫院。途中我的手臂和膝蓋開始抽動。我真的十分震驚這竟然那麼痛。咬傷並沒有很深也沒有很嚴重，但那痛楚十分強烈。

「嗯，很公平，」當時我這麼對安傑洛說。「我的狗咬了你，現在輪到你的狗了。我想我們扯平了。」

安傑洛只是笑了笑。急診室內其中一名醫生說兩處傷口都很容易清理，也沒什麼傷到肌肉，安傑洛聽了後又笑了，但第一個傷口可能刺穿了膝蓋的滑囊袋，若真如此，就得動手術。打針將液體注入囊袋看液體會不會漏出，是確定囊袋有沒有被刺穿最保險的方式。

「這會很痛嗎？」我笑著問醫生。

「還好，」她回答。

她騙人。痛到爆。就跟某人體驗痛到不行加上又粗又大的針插進身體的感覺一樣。但幸好膝蓋的滑囊袋沒有破。只是皮肉傷，很快就復原了·但這經驗讓我更是敬畏戰鬥突擊犬的威力。

第十六章

下一次全面部署是在二〇一〇年秋天，顯然開羅已經準備好再次服役了。一整年大多數時間我們都駐守維吉尼亞，每天為下一次在阿富汗的長期部署受訓。這個過程裡，開羅和我依然是工作夥伴。我還是牠爸，但帶狗狗回家的禁令變得更為嚴格，因此開羅大多都是在犬舍過夜。

不過有為數眾多的訓練之旅，像是跳傘、野外健行或是其他模擬演練，開羅大多數時候都和我待在一起。據我所知，牠沒有任何傷後留下的心理陰影。槍響和爆炸都沒有使牠退縮，也沒有拒絕進入漆黑的建築，而是繼續服從所有聽到的指令。

換句話說，牠仍是從前的開羅。隨和、精力旺盛、友善、毫不疲累、忠誠又可靠。完美無缺的狗。

下一次阿富汗之旅是我在那裡的第三次長期部署，也是開羅的第二次。我們駐地於賈拉拉巴德（賈巴德），此時犬隻項目已經建構得相當完善，如同我們於阿富汗的軍事表現一樣，因此我們有非常好的安排和計畫，可說是我經歷過最棒的一次。整趟部署期間我們有二或三條狗，而身為馴犬師，我們擁有自己的小屋和訓練場地，也有私人的犬舍。這對我們來說相當方便，對其他人來說好處就是不必和狗狗們共享生活空間，即便像是開羅這麼酷的狗。

我朋友安傑洛負責照顧他的狗，亞銳。之前說過他是防衛專家之一，執行任務時你可以與這類人生死相託，就算他並不是海豹。我們一起參與多場行動，對於和狗狗一起工作也是游刃有餘，他就是位不折不扣的戰士。每次需要衝鋒陷陣時，他都是完全投入其中。同行的還有另一位教練，曾任警察的凱文，負責照顧別的狗以及從事其他部署期間所需的工作。凱文沒有和我們一起出任務，但他在基地內從事的工作相當可貴，負責訓練及和狗一同工作。他在賈巴德的經歷讓他能夠回報我們特種部隊從事的工作；換句話說，他將資訊回報給他的老闆，並協助替犬隻訓練項目做些必要的調整。

雖然不斷改變的阿富汗交戰規則讓我們這次的部署生活更為艱難，細節就不多說了，就當作壞人這詞變得更難定義吧，造成災難性損失或備受關注的勝利的並非任務本身。這沒關係。我們做好本分，日復一日，夜復一夜。多場軍事行動，多個目標被殲滅。隊上每個人都安然無恙地歸來，天知道這並不容易。兩個月前我們中隊抵達阿富汗時，一架於札布爾省失事的直升機奪走了九位美國軍人的性命，其中包括四名海豹成員。有時就會發生這種事：一次事故換走多人性命。我們都知道這事有可能發生，也同時被這種可能性激勵或擊退。

就我個人來說，我真的極度不願死於直升機失事，毫無奮力一搏的可能。我也知道若我就要死了，直升機墜毀是最有可能的狀況。我們的機長，大多是來自美國陸軍第一六〇特種作戰航空團（綽號：暗夜潛行者），是我服役時所認識最傑出的人之一。他們很冷血，這麼說不是指他們是殺手，而是指他們在緊要關頭且高壓之下能夠保持冷靜。這些人駕駛黑鷹或契努克直升機就像是開瑪莎拉蒂一樣。他們每一個都是狠角色，穿梭於最緊張的空間都易如反掌，輕易就能避開槍火和火箭推進手榴彈、在沙塵暴中安穩降落於山側……完成這些事情他們一滴汗都不會流。我們依賴他們將我們帶入戰場，也依賴他們將我們帶出。這些人從未讓人失望。但風險真的很大，我們深知這點。不論第一六〇特遣部隊的人多有天分又有多無畏，直升機墜毀時，不是你死，就是我亡。

身為海豹很危險。報名加入的人都很清楚，對那些歷經多年訓練與部署的人更是如此。但事實是，不論是直升機失事，或是美國國內任何一場永無止盡的演習，你受重傷或死亡的機率都很高，這讓海豹成員的職涯宛若是走入槍林彈雨之中。每次出任務，我們都明白出事的可能。我們不談論這個，但它始終存在於腦海深處，有時也會浮出檯面。老實說，賈巴德部署期間我最接近嚴重受傷的一次就和其他許多次任務一樣，其中牽涉了直升機、狗還有繩索。

任務中，最安全也最不費力讓狗降落至地面的方法是等直升機停妥後再跳出，然後步行接近目標。但有時沒法這樣。很多情況下跳傘是最好的選擇，其他時候機長會將直升機降落至定點上方足夠安全的距離，隊員們才會離開機艙。

不必說，抱著三十公斤重的狗快速游繩或滯空下降離開機艙相當危險。開羅性情穩重不容易受驚嚇，但是……世事難料。有些時候，將狗裝進袋中一起跳傘幾乎阻擋了視線，卻比和狗一起快速游繩安全些。

這次任務，我們的目標是座落於山腰處一棟與外界隔絕的建築。建築外幾公里都沒有能夠降落的地方；我們決定要盡可能接近目標但小心不被對方察覺，因此採取快速游繩離開機艙，而非花多個小時長途跋涉。

通常，游繩下降的時候我只會用登山扣將開羅的項圈和我的腰帶固定在一起，然後用雙手抱著他一起順著繩索下降。

我也可以用犬隻游繩道具，這無疑比較安全，但速度更慢也更麻煩。那真的是個巧妙的小工具，訓練時用起來非常棒。但是出任務時我鮮少使用，純粹是因為這樣需花費多餘的時間和力氣，且雖然機率很低，但也有可能地面上的情勢相當糟糕。傳統的游繩下降，我只需和其他人一樣直接踏出機艙外。用了犬隻游繩道具就多了一個相當重要的步驟：必須解開道具……而道具和繩子固定在一起……，而我的繩子固定在直升機上。

想像一下這一連串動作就發生在電光石火之間。降落要是快速有效率的。最後一個人離開機艙幾秒後，機長就會馬上離開。他不能就這樣在地面上十五公尺處盤旋半小時至一小時等我們完成任務；這樣會變成火箭推進手榴彈的活靶。通常一般的降落不會造成什麼問題；最後一人落下地面後，會拉一拉身後的繩索，黑鷹直升機便消失，將來某個時間點才會再次出現在某個事先安排好的接應點。但若最後一個離開的人是很少在執行任務時使用犬隻游繩道具的馴犬師……那麼，這就有問題了。

這一晚，問題來了。

一開始降落很順利。團隊中除了其中兩人外，所有人都快速以游繩降落至地面。接著最後一位突擊兵在我將游繩道具固定上身時抱住開羅。

「好了嗎？」離開機艙前他大聲問。

我點頭。「好了。」

開羅和我一起平穩地下降。即將觸地時，我想一切都很順利；然而，我的靴子一接觸到地面，就發現山坡異常陡峭，傾斜角度差不多有四十五度。之前也有過目標建築位於險惡之地的經驗，但通常這情況我們都是從較遠距離外步行過去。如此可以有誤差的空間，也能有時間適應崎嶇的地形。這次，我的靴子一落下，就能感覺到開羅很不安。直升機高速旋翼帶來的噴沙幾乎讓我們站不穩。遭受碎屑與沙塵襲擊的開羅自然而然退避三舍並開始拉著我往山下跑，遠離直升機螺旋槳刮起的飛沙走石。

通常這事不算嚴重；開羅的反應也完全可以理解。若我是以雙手游繩下降，沒問題，只要遠離直升機和沙石就好。不幸的是，直升機往山頂方向飛去時，我們的繩索和犬隻游繩道具還跟機艙連接在一起。

這是我一生中經歷過時間彷彿凍結的場面之一。我隱約感覺到開羅想把我拉下山的同時，契努克正慢慢將我們拉向山頂，這下麻煩大了。一開始這似乎不可能——不真實。接著急迫感開始降臨。

該死——我們馬上就要被拉離這座山了。

我想著被猛拉向天空會是什麼感覺，途中搞不好會撞上巨岩。我想著要怎麼脫困。我想到紅色中隊的弟兄已經於暗夜中抵達目標，他們將如何在沒有狗衝鋒陷陣的情況下達成任務。恐懼、生氣和震驚的感覺同時襲來。

然而……似乎也有點好笑。

真是好樣的。沒人會相信的。

若我們降落在平緩的地面且沒有旋翼的氣流的話，開羅會耐心地等我解開道具。我可以幾秒之內完成。但現在繩索被緊緊拉住，我得試著朝緩慢向山坡撤離的直升機方向移動，讓繩索放鬆些才有辦法解開登山扣。這樣一來我得說服開羅走回旋翼氣流這邊，牠很不樂意。我下意識抓起牠項圈上的提把，把牠拋到我前方幾公尺處然後朝著牠跑去。繩索一足夠放鬆，我馬上試著在瞬間解開登山扣。

我辦不到。

我試了好幾次。每次我把開羅拋到前面，牠就立刻往山下跑回去。我必須拉回牠、再次抓起牠然後朝向山上的直升機跑。機長面臨了困境，等我們解開時必須努力穩住機身。

我們沒有通訊，所以我甚至不曉得他知不知道我還在原地努力求生。隨著每一次逃脫失敗，我就感到越來越疲憊。

彷彿過了永恆之久，我終於把距離拉近到能夠再次嘗試解開扣子。這次成功了。契努克馬上飛入夜空，我累到跌在地上，整個人都虛脫了。

而我根本還沒開始執行任務！

我跪在地上拚命喘氣，手臂和雙腿都痠痛到像在燃燒。開羅走過來用古怪的神情看著我並用頭推推我，彷彿是在說：**走吧，老爸。該工作了**。

我搖搖頭，上氣不接下氣地笑出聲。如此恐怖的災難竟然也可以這麼好笑，這感覺真怪。事後才會覺得好笑。

「你在看啥？」我問，拍拍牠的頭。「都是你的錯。」

其實也不盡然。只是說……有一部分是。我們有最棒的機長，最棒的士兵，還有最棒的狗，不管怎樣事情總是偶爾會出錯。有時事情就在你掌控範圍之外。

「你還好嗎，起司？」

隊長的聲音自無線電中傳來。結果，原來整個隊伍都在看我跟直升機搏鬥。這種娛樂性馬上引起關注，隨後是驚恐，然後如釋重負。我真是累斃了，但還有任務需完成。

「我沒事，」我說。

「開羅呢？」

「牠也很好。我們馬上到。」

謝天謝地，隨後的整個夜晚都很順利。我們跋涉過山脈抵達目標建築，幹掉了幾個壞人，然後大夥回家去。安全且毫髮無傷。

但那是我最後一次使用犬隻游繩道具。

我愛開羅，也熱愛馴犬師的角色，但像這樣的突發事件更是凸顯了這份工作的挑戰性，也幫助我了解為何特種部隊以及整個軍隊中即便是最愛狗的人，也不願意接受這項任務。中隊裡每個人都重視開羅為我們所做的一切；牠是弟兄；但大多數人在部署期間都不想負責照顧狗。對我而言，這是非常有意義且重要的工作，但也是永無休止的任務。我去哪開羅就去哪，通常就是個名符其實的跟屁蟲。有時候這種關係涵蓋的整體範圍相當累人，至少可以這麼說。

有項任務源自情報，其中包括了現場即時影像，是關於一個十五至二十人的隊伍於夜晚行經沙漠。不可否認，有時在阿富汗（還有伊拉克），很難將好人從壞人中區分開來，或者說是從壞人中區分出良善的人。一般來說，如此為數眾多的年輕人一起橫渡沙漠，身邊沒有女人、小孩和動物，是從事可疑行動的徵兆。若這些人沒有武器，我們就靜觀其變。然而，這次這隊伍中顯然混雜了AK步槍、火箭推進手榴彈和其他各式武器。影像錄到這群人抵達一間位於半山腰的大房子然後消失其中。

看影片是我們下午做簡報時的程序之一。在我看來，以及房裡其他人的觀點，這是個簡單的任務：一屋子的壞人和武器，轟掉整個屋頂就行了。

當然了，我們不能就這麼做。不斷改變的交戰規則禁止在對手不知情的情況下摧毀建築。這類情況不是說我們必須握有對方的姓名和年齡，但必須合理地確保摧毀建築不會傷及平民百姓。就算我們有把握，爆炸攻擊過後，敵人有時候還是會宣稱我們造成了附帶的傷害，只不過是種政治策略罷了。

實際看來，我們的行動常常都被綁手綁腳，大多時候都只能聽天由命，多數對峙都只能近距離進行。這相當令人沮喪，但也只能接受。我們被訓練要能在任何情況下作戰；此外，沒有人想要為誤傷了在錯的時間出現在錯誤地點的女人、孩童或任何人這事負責。

「這是目標，」隊長說。「這些人不只是出來散散步。那是一個巡邏隊，這是一項訓練。」

進出房子的人數眾多，讓此次任務比往常更加危險。我們的影像錄到十五至二十人，但實際人數有可能是兩倍或者更多，正躲在屋子裡或附近某處。若我們必須在沒有空襲的情勢下將他們斬草除根，一場激烈的槍炮之戰在所難免。我們為了此種任務已經做了萬全準備，雖然已進行過好幾次了，但若你想要按危險等級將任務以一到十做分級，這次的數字會高於中間值。

幾個小時過後，我發現自己坐在越野沙灘車上，腿上坐著一隻瑪利諾犬呼嘯過沙漠。牠的舌頭掛在外面，耳朵在風中向後延伸，開羅看起來好像在笑。

「嚴肅點，夥伴。我們有工作在身。」

某種程度看來，開羅知道將會發生什麼事。那正是牠開心且興奮的原因。

打架的時候到了。

抵達目標建築的範圍時，我的大腿已經浸滿汗水，下背部也痠痛不已，所以我很高興可以把開羅推下車改用步行方式。很快我們就走到屋前不到五十公尺處。有個哨兵站在屋外，開羅見到他時無疑也聞到了他的氣味，便猛力拉扯牽繩試圖衝上前。此刻牠只想擺脫一切上前攻擊。

牠想要啃咬！

但此時時機地點都不宜執行此戰術。開羅今晚扮演的角色尚未確定，但目前看來，我主要是需要牠保持安靜，才不會暴露我們的行蹤。

屋外，我們排成標準L陣形，這是行之多年的戰場策略，讓隊員們可以自兩邊包抄敵軍，不需要冒著衝入敵方火海受傷的風險。L陣形有一個極大的戰略優勢，前提是假定你能夠誘使敵人自投羅網。完成這項任務有多種方法，但其中最棒也最安全的方式是讓黑鷹盤旋空中。低空、快速又嘈雜。美軍直升機的超大聲響能夠有效率地攪亂難搞對手的巢穴，逼得一些人（或是所有人）握好槍枝傾巢而出，看看外頭發生了什麼事。等到他們一出現……。

當反叛者們一股腦衝出屋外，試圖讓人馬散佈整座山腰時，頃刻間空中滿是自動武器的劈啪爆裂聲。有些人立即被解決，但有些人逃走了。一些人開火反擊；一些人不然。我們知道那些人不會就這麼逃之夭夭。他們的計畫是要逃往底下的山谷，再次會合後可能會加強武力，以一個更有利的形式重新開始作戰。為了避免此事，我們追上前。最終，壞蛋認清了難以逃脫的事實，轉回身來應戰。之後的半個小時我們深陷於激烈的炮火煙硝之中，範圍自目標建築物一路蔓延至大約四百公尺之外。最後，我們殲滅了所有人。

或者，至少可以說解決了離開屋子的人。

到了清理時間，有時這也是任務中最危險的一環。若我們確定房屋已經空無一人，或是只剩一兩個壞蛋，那麼就只需發動空襲投擲一顆炸彈，今晚便宣告結束。但這選項不可行。相反地，就像大多時候一樣，我們必須一間一間房間，依序清空整棟建築。

我們慢慢接近建築時，我讓開羅緊靠在我身側。我正準備放手讓牠衝進屋內時，有一人突然破門而出，對著夜空嘶聲力竭大喊，並手握 AK 步槍朝四面八方掃射。開羅瞬間緊拽牽繩。

「放鬆點，孩子！」

一瞬間，那個自殺槍手倒下了，被六名海豹輪流攻擊，但在此之前他冒著危險成功抓了我們一個隊友當人質。其中一位隊友直接擊中人質的身體；還好子彈只打中身側，除了瘀傷外別無大礙。

現在該是清理建築的時候了。我想先放開羅進去，看看裡面還有沒有人。但此時的場景有點令人不安。開羅習慣進入漆黑的建築，這裡卻燈火通明，從外頭能瞧見幾處光亮。

前門因剛剛自殺槍手衝出來還開著，門內則是一具坐姿怪異地倚靠牆壁的男人屍體。他顯然死了，但基於某些原因，開羅想攻擊他。這不太尋常。牠通常都是忽略屍體尋找活人，嗅聞目標的氣息，但那具屍體怪異的姿勢加上屋內的燈光擾亂了牠。牠對著屍體又是啃咬又是咆哮。

「不！」我說，給了牠一小記電擊，但這只換來牠的一丁點注意力。我試著帶牠穿過走廊進屋，但牠全部注意力都放在屍體上。最後，我決定讓牠撤退，讓我和隊友們自己清理。結果，屋子裡一個人也沒有。那位死者肯定是脫隊，在我們抵達建築物前開始交戰之初便中彈身亡。

很難說開羅做錯了什麼。牠被訓練要啃咬和攻擊，眼前就有個攻擊壞人的機會卻被剝奪，牠一定很沮喪。門邊有個人倚在牆上我還堅持要牠進屋，此舉更是令牠困惑不已。對開羅來說，這肯定有違預期：

等等！我咬完這傢伙才能進去，不是嗎？

有時戰術會視現場情況改變。我們全都必須迅速適應並作出調整。開羅也一樣。幸好牠學得很快。沒過多久我們就清理完整棟建築，收拾好裝備登上直升機回去賈巴德。我們殺了一大票全副武裝的壞蛋，從狂烈的槍炮之中全身而退，無一傷亡。

總而言之，這是個美好的夜晚——比多數曾經參與過且永無止盡的反恐戰爭來得更為美好。

第十七章

說再見很難，但我試著把它想成一個並非永久性的詞語。這更像是我們正在經歷一個過渡期。

事情發生於二〇一一年三月我們自阿富汗回國後。我有幾週假期，之後我和開羅都被重新指派任務。這是可預期的。我於兩次部署期間都擔任馴犬師，是時候回歸當個「槍手」了，開羅也是時候轉而負擔沒有那麼忙碌的角色。

這時牠差不多六歲，已經經歷過兩次部署並接受多年訓練，為國家做出寶貴的貢獻。牠於執勤期間身受重傷——此傷痛無疑令牠不適，即使表面上很難看出這點。我想牠有權利在家安享更平和的生活。我說的那個家，最終指的是和我在一起，但我也明白言之尚早。狗狗退役後，軍中和警界的馴犬師通常都享有優先選擇權。眾多馴犬師理所當然地和狗狗們相互建立了深厚的感情；開羅和我，肯定也是如此。

開羅的技巧和性情還不贊同牠退役。牠可靠又討喜，且依舊是隻年輕力壯的狗。海軍合理地決定開羅還可以做更多。牠還沒有要退休。相反地，牠會擔任備用犬的角色，算是邁入工作犬的職涯晚期。備用犬不需要長時間部署，大部分時間是待在維吉尼亞的犬舍，或是受訓，但隨時都可以參與長期或短期的部署行動。備用犬通常都年紀較大，但仍舊傑出老練。牠們較為低調穩重，指派給新手馴犬師或經驗較少的團隊較為合適。簡單地說，牠們適應性強，其他狗受傷、陣亡或是其他因素不適合繼續履行職務時，牠們可以立即接替工作。

自私的想法是，我希望牠早點退休就可以帶牠回家。但實際上看來，這不是最好的選擇。因為我離退休的年紀還有一大段距離，身體也還健康，因此會一直進行為期四至六個月馬不停蹄的部署。我不在時需要有人照顧開羅。沒錯，擔任備用犬才是幫助開羅減輕壓力的正確方法。牠在家裡的時間將多餘部署的時間。

不幸的是，那些時間不是和我共處；我得放棄牠才行。這是我工作的一部分，一切都很合理，但和牠道別真的讓我心如刀割。知道牠會獲得良好的照顧這點稍稍減輕了我的痛苦，因為指派給牠的防衛專家安傑洛是我好友，他很了解開羅且是海軍中最傑出的馴犬師之一。不僅如此，根據我的了解，開羅最終退休後——可能是六個月後，也可能是六年後——我就有機會領養牠了。

我依舊是牠的照顧者。

我是牠爸。

之後的那個月整段時間我都慢慢地跟開羅拉開距離。若牠受訓的地方不遠，我一週會去看牠一次。我們會一起散步或玩耍，但這樣的見面讓分離更是難上加難。三月底我所屬的隊伍被指派去佛羅里達接受潛水訓練，我很高興可以離開城鎮。馴犬師是一項無所不包的工作，分離的戒斷症狀在所難免，特別是對於愛狗人士以及有幸跟開羅這樣的狗工作的人來說。但如此沉浸式的特質也是身為馴犬師的海豹成員通常只參與一兩次部署的原因：他需要休息，讓其他人也擁有機會。

佛羅里達之旅有點像是工作假期，是磨練水中技巧的機會，連續在伊拉克和阿富汗部署並將旱地作戰視為常態之後，這可能顯得有點乏味。一天之中，海中訓練結束後的傍晚可以好好休息，享受飲料和一堆美食。沒什麼太瘋狂的事——只是一種歷經阿富汗漫長冬日的部署之後放鬆身心的方法。我們值得擁有。

然而，中隊的其中兩名成員只度過了幾天假期；亞利桑那州那邊的軍事自由跳傘指導與負責人員課程突然有了兩個空缺。我不太清楚甄選過程，只知道下一秒我已身在亞利桑那的跳傘課程中，另一位是我最好的朋友尼克．雀格。就跟先前說的一樣，我不是最厲害的跳傘兵也不是真的很喜歡這事，所以其實我更想待在風景怡人的南佛羅里達。但同時間，成為一名通過認證的自由跳傘指導員對我的職業有利無弊，也能幫助我成為更優秀的海豹。總而言之，我其實沒有選擇。

跳傘指導與負責人員課程是個以極度嚴格聞名的三週課程，期間學生不只要學習成為更厲害的跳傘兵，更要學習替整個團隊規劃安排跳傘。跳傘落入敵營極需技術也相當危險。每個人都必須訓練有素技巧純熟；離開機艙必須仰賴機長的經驗與技巧，同時隊長要負責引導所有成員在適當的時機點離開；一點錯誤就有可能替整個團隊帶來災難。因此，跳傘指導與負責人員認證至關重要，我準備好接受挑戰了。

但上天另有計畫。

在學校的第二天，我接到突擊隊長的電話。

「打包好行李，起司。我們需要你趕回維吉尼亞。馬上。」

「你在開玩笑吧，」我說。「我才剛到耶。」

「是的，我知道。事發突然。只能告訴你這麼多。回來就對了。」

在海軍待了九年，我知道最好不要過問更多細節。出壞事了，計畫改變。你接到指令，照做就對了。然後又是下一道指令。越來越多指示會按時出現。希望是有趣的事情。

「好，」我說。「我今晚就離開。」

電話那頭安靜了一下。

「嘿，起司。還有另一件事。」

「什麼？」

「到了之後去接開羅。」

我笑著點點頭。

「了解。」

班上二十四名學生當中，只有尼克和我是海豹，所以對於我要丟下他離開這事，他雖然不太興奮但也能夠理解，使命在前只能如此。他問我為何要被召回維吉尼亞時，我老實回答：「不知道。但我猜馬上就有答案了。」實話實說，我想不透為何沒有叫尼克，而只有叫我回去。我毫不懷疑尼克是比我優秀的操作員，他完全就是個狠角色。唯一合理的解釋是，基於某些原因，他們需要開羅，而我已經擔任牠的馴犬師很長一段時間了，我們缺一不可。

接下來我花了幾個小時收拾東西跑程序，試圖正式離開跳傘指導與負責人員學校。這比想像中要困難許多。第一個和我交談的人不僅僅是失望，更是難以置信。

「什麼叫做你要離開？沒有人會離開這裡。」

「是這樣的，很抱歉，長官。但事發突然。」

「事發突然？」他重複道，語氣滿是嘲諷。「過了兩天後？」

我點頭。「是的，長官。」

他嫌惡地搖搖頭，告訴我一個若要正式離開就必須會見的人的名字。我離開一間辦公室走進下一間，稍後又被叫回去。我知道這意味著什麼：我將要跳進一個滿是文書工作和規則的兔子洞，要完成這些得花費數小時、甚至數天。但我可沒有多餘的時間。

「你猜怎麼著，」我對著最後一個搪塞我的人說：「打給我長官。」

就這樣，我離開了。

實際上並沒有聽起來那麼違反規則。我是指，我確實告訴了……某個人……我正準備離開。只不過對象不是正確的人。而我從未白紙黑字寫下離開原因，這事讓尼克獲得了些許樂趣。

自BUD/S開始尼克和我就成了好朋友，如同海豹部隊中的許多友誼，我們的關係因為種種因素變得更加緊密，包括了共患難、奉獻工作、花時間相處（他在維吉尼亞的置物櫃就在我的隔壁），以及連續不斷的黑色幽默。直截了當地說，尼克和我長久以來一直互相找碴。我們叨念對方明顯的弱點（就我所知尼克沒什麼弱點；這人自信、聰明還帥到沒天理）還狠狠惡搞對方。這沒有惡意，只是我們的相處方式。

這麼看來，我的離開讓尼克有辦法稍稍羞辱一下我的名聲。隔天，我離開後他照例去上課。點名時，教練發現海豹成員的數量少了一半。

「你朋友呢？」他問尼克。

尼克毫不猶豫地回答：「他退出了。」

班上所有人都盯著靜靜坐在原位且不多做解釋的尼克。雖然跳傘指導與負責人員課程很困難及聲望很高，但海豹成員通常應付得來，海豹不會退出。他媽的，海豹不會退出任何事。

是嗎？

「是的，長官。他退出了，」尼克重複道。

「為何？」

「不知道。」

我根本活該。我應該找個快速直接的方法讓大家知道我並沒有退出；我是因某些當下無法向我明說的原因被上級叫回。離開的原因合情合理，也超過了我的掌控範圍。但我卻沒有這麼做，而是就這麼消失無蹤。這讓尼克逮到機會惡搞我一番，痛擊了一名海豹的核心靈魂：他不畏艱苦、毅力和堅韌的名聲。

多謝了，尼克，我也愛你喔。

這是我們長久且持續進行中的惡作劇之戰，這次毫無爭議尼克贏了。其實為此我還挺欣賞他的，就像之後見到他時我說的：「你好樣的，小混帳。」

我一直沒機會報復。

我搭上紅眼班機，於隔日早晨抵達維吉尼亞後便直接開車到犬舍接開羅。我還是不知道為何被叫回來，也不知為何一個月後突然間又重拾馴犬師的角色。

但我不在乎。不必是天才也猜得到某個罕見的事情即將發生。顯然，這任務需要可靠工作犬的協助，開羅正是如此可靠。而我是牠的馴犬師。

很難得知為什麼要挑選特定的人去做些特定的工作，尤其是那些毫無預警發生的事。有時候人們沒有辦法，他們有拒絕執行任務的權利，特別是當任務與重要的個人事務或另一項專業任務相衝突的情況下。年長的已婚人士有小孩還有其他責任，比較有可能拒絕。這沒問題。他們有這項特權，大家也都能理解，不過這事並不常發生。我還年輕且單身，海豹就是我的生命。若是個稱心如意的差事，那我樂意。不論何種類型。再者，將要再次跟開羅一起工作讓這事更有吸引力了。

那天早上在犬舍見到開羅後，牠像隻小狗狗一樣跳上跳下。我讓牠站著將前掌倚在我胸膛。我雙手握著牠的腳掌，接著給牠一個大大的擁抱後繫上牽繩。

「工作時間到囉，老兄。」

相關資訊零星而至。我已經很習慣被告知什麼是我該知道的，以及何時需要知道，但這次不一樣。從我被召回維吉尼亞那刻起，就感覺到這次任務的保密和謹慎程度出奇得高。這狀況一路持續到中隊隊員聚集於位於達姆內克的作戰室內，進行第一次正式簡報的時候。

士官長開始宣讀（報告任務相關的細節）時，房間內差不多有二十四個人。這位士官長有能力迅速且完美無瑕地破解任務。若有疑問，他會毫不遲疑地回答你。然而，現在他的神情審慎且焦慮。他說我們將執行一起重要且高度機密的任務，但沒有說地點在哪。他沒有告訴我們任務的目的或背後的原因。他說了我們的目的地是某種軍事或恐怖行動的場所，類似於我們在阿富汗見過好幾次的那樣。他也說了此次攻入敵軍相當具挑戰性；一個原因是地理位置，再來是必須迅速安靜的行動，我們將會直接攻入目標物所在地。除此之外，沒有其他特定細節了。所有問題，其中有些是很基本且合乎邏輯的，都被駁回了。

「時候到了你們就會知道更多。」他說。

接著他告訴我們被選來執行任務的中隊成員將被分成四組。理所當然，開羅和我被分派到第四小隊，被假定能夠處理與目標相關的其他義務。另三個小隊是突擊部隊。負責第四小隊的是我朋友羅伯．歐尼爾，也是中隊裡我最讚賞的人。羅伯大我將近十歲，有豐富的經驗在全球執行備受關注的部署行動。我對他作為領導人以及戰士的能力充滿信心。

事實上，當我環顧整個房間時，意識到這著實是個天分和經驗的絕佳組合。就算不知道任務細節，我也感覺得出來此事很特別，而我很驕傲也很興奮能夠是其中的一分子。在海豹部隊生涯中我有幾次類似的感受——很幸運能和尼克及羅伯這樣的人一起工作……還有其他人顧及他們的隱私就不寫出名字了。我不是想表現得虛假謙虛。我有很棒的職業，參與眾多重要任務，也很自豪我所完成的事。我來自德州的小鎮，一路過關斬將通過篩選最終入選X分隊。夢想成真了，是我用盡一切努力換來的。不過，和我服務的許多人相比，我的成就與職業只是一片空白。成為海豹部隊有一件事要留意，若你曾經掉入覺得自己是個爛貨的陷阱，要做的事就是看看你的一些隊友們，很快你就會明白前方還有多少事情要學習。

我很幸運。我二十出頭加入海豹部隊，立即受教於多位大方有才華的導師。我馬上決定要成為一塊海綿，盡可能吸取一切知識。若我有幸堅持下去，或許將來也會成為別人的導師。

一週當中比較好的時間是待在維吉尼亞，以模糊的話語討論此次任務——某處的建築裡有個目標，我們的任務是要找出或殲滅他。在哪？什麼時候？不知道。

四月十日禮拜天，我們整裝出發開出前往北加州的訓練場。我們依舊不知道在那裡會遇見什麼。但是，你花了一週時間收拾行李，討論謎一般的任務，自然而然會有些猜測。鑑於此任務的秘密性質，且似乎是前所未有的機密性——多次聽到於二〇〇一年九月十一日策動恐怖攻擊的蓋達組織首領奧薩馬·賓·拉登這個名字似乎不需感到意外。**有可能，我們想，就是他了。搞不好我們終於要逮到這個王八蛋了。**

對於我們還有整個美軍來說，賓・拉登是日夜所思的惡夢。合理來說，抓到他就能在他那個恐怖組織上割下深長的一刀。這麼做不會終結戰爭，我們深知這點。但擒獲或殺死他至少是個替九一一事件中近三千條人命復仇的手段。這麼做是值得的。簡單來說：賓・拉登是壞蛋中的極惡分子，將近十年光陰，他都在躲避追捕與處決，而我們所有人都急欲消滅他。

然而，服役於特種部隊，你不能陷於單一目標的追求。每天都有新的任務，新的目的。你得以專業、清晰的思路甚至是漠然的心態應對每項任務，然後繼續前進。不論此次任務的目標為何，我們都以相同的方式對待。

然而……噢，我多麼希望謠言是真的。

和開羅一起開車一個半小時前往北加州讓我興奮極了。在那個被視為最高機密的訓練中心，說不定那就是重點，將由我們的指揮官派瑞（派特）・凡胡瑟上尉進行簡報。除了我們中隊的二十四名成員，還有一些我不認識的人參與其中。我猜有些是海軍高級軍官；隨著會議的進行，我知道了其他人是美國情報官員。我的職業生涯中聽過數百場簡報，但這是唯一一次有官員參與，而不久後原因便呼之欲出。

派特上校感謝我們抽出時間參與，接著很快地揭露了此次任務的目的。

「我們要找UBL。」他說。

UBL指的就是奧薩馬．賓．拉登。西方媒體普遍還稱呼他為奧薩馬，如CIA或是FBI的情報機構則較喜歡羅馬式的發音：烏薩馬。我是覺得沒差。一聽到首字母的發音，我頸背的汗毛全都豎起來了。但我沒有顯露任何情緒，其他人也沒有。此刻的氣氛是嚴肅、專業的。此事件的分量是我從未感受過的。

簡報進行了數小時，涵蓋了大量情報。數月，甚或是數年的情報工作顯然將賓．拉登的所在之處定位於巴基斯坦東部城市阿伯塔巴德的一座大型院落之中。這並不令人意外。雖然反恐戰爭大多於伊拉克和阿富汗進行，但長期以來人們都認為賓．拉登可能是藏身於別處，在某個支持蓋達組織的國家。巴基斯坦是個合理的答案，事實上，有其他特種部隊於巴基斯坦執行任務時接獲消息指稱賓．拉登可能就在那裡。不過，追蹤賓．拉登下落的任務多年來都是由情報組織擔任領導位置，得知他不是藏身於某座地下碉堡或是某座山裡的洞穴，而是躲在眾目睽睽之下，著實令人震驚！每天穿著飄逸白袍散步、每天都花好幾個小時繞著院落行走替他贏來了一個綽號：「步行者」。

不能保證步行者就是賓．拉登，但參與簡報的情報官員似乎信誓旦旦。那人身高一百八十多公分，體型細瘦，留有長長的灰白鬍鬚。他看起來真的很像賓．拉登，言行舉止就像是個重要人物，從不加入院落中其他人的工作。其他院落都不像此處一樣廣大開闊，外圍的高牆約三至六公尺高，內部包含一棟三層樓高的大房子、一小間招待所，還有其他可能是用來圈養動物的小型建物。

這次簡報所做的準備相當令人讚嘆，至少累積的情報量可以說是如此。我們完成工作需仰賴大量情報，這正是結合先進科技與堅定決心達成任務的最佳範例。我們眼前是奧薩馬．賓．拉登家的高解析度照片。我們知道他在哪了。當務之急便是除掉他。

簡報進行途中，我們被告知了其他有討論過但是棄用的選擇。最「溫和」且最具外交手腕的方式是通知巴基斯坦政府，嘗試說服他們要麼交出賓．拉登，要麼加入美軍執行這項跨國任務。考量到巴基斯坦一直以來都支持蓋達組織，這似乎不是好主意。空襲可能有效，但保證成功達成目的所需的爆炸威力不只足以將整座院落或一旁的社區炸毀，更會將大半阿伯塔巴德夷為平地。

祝白宮……或是大半個地球好運。

不，唯一解法是精準的軍事攻擊。派遣特種部隊攻入院落，抓出UBL——處決或生擒。這是個高度挑戰、危險的任務，美國這方將面臨重大傷亡的可能。同時這將是畢生唯一一次經歷。我簡直不敢相信竟然有這等機會！

即使簡報持續進行，並將風險以圖表方式列出也澆不熄我的熱忱：其中一架直升機被火箭推進手榴彈擊毀；院落內遭遇強力抵抗；即便確實攻入院落並找到目標，但整個範圍內炸彈遍佈的可能性很高，一不小心我們都會粉身碎骨。我是無所謂。我的意思是，我並不是想要尋死之類的，沒人想被槍擊或殺掉。但只要能逮到賓．拉登，任何後果我都在所不惜。

坦白說，聽取簡報時我有一個想法：嗯，看來這次我回不了家了。

第二個想法是：但只要抓到那個混帳，我心甘情願。

據告知，此任務名為「海神之矛行動」。命名由來是海神的矛是三叉戟，而三叉戟是美國海軍特種部隊標誌的一部分。所有海豹成員都知道，三叉戟是擁有三支尖叉的矛，每個尖叉分別代表了海豹部隊的作戰能力：海洋、高空與陸地。

所以說，海神之矛行動。

我覺得合理。

隔週大部分時間我們都留在北加州，從早到晚接受密集訓練，並長時間反覆觀看簡報複習任務細節；更重要的是，我們在一座現場搭建起一比一大小的院落，一次又一次實際演練了整起任務。第一次見到這場景時我真是佩服到五體投地。海豹訓練通常都有實際演練，但基本上都是理論性質。部署期間，我們會獲取詳細的資訊，但通常第一次接觸到目標都是在整起行動的後半段。影片和照片很好，但演練行動的價值在於完整大小的目標物複製品不能被誇大。這是為確保某人，或者說所有人——海軍、CIA、白宮，都能確實理解此任務的規模，並會不遺餘力提供我們完成工作所需的幫助。

然而，應該注意的是模型只能提供我們演練外部戰術：接近、進入、攻擊，以及希望能成功抓出目標。內部格局只能靠情報的推測。但沒關係。經驗告訴我們格局平面圖可能只會添亂。即使是最棒的衛星或無人機影像也沒法提供萬無一失的內部格局，所以最好是靠猜測，或是面對類似結構時，根據先前經驗的直覺做判斷。若你研究且記住了平面圖，但到了現場後發現其實完全不一樣，如此擾亂人心只得放棄任務。最好的辦法是順其自然。

某些方面來說，每次任務、每次攻堅，都是事前編排和即興發揮的結合。我把這比喻為跟一群熟識的人三對三鬥牛。觀察與反應：「那邊交給你，這邊我來。」任務都有個基本大綱，每個人負責的角色不僅自己明白，隊友們也都能理解。在這樣基本的信任與知識框架內，都有一些自我發揮的空間。這次我們比往常握有更多情報，但毫無疑問待我們一著陸便會有預料之外的事襲來，我們必須隨機應變。

但我對隊友有信心。我知道他們會一如以往毫無顧忌衝鋒陷陣。開羅也參與了大多數的演練，表現得依舊相當專業，只有一個值得注意的例外。一樣，這次也是我的錯。

我們演練攻入院落的其中一扇大門，採用的是炸藥。因為攻堅不需用到開羅，所以我讓牠留在停車場，待在海軍所屬的雪佛蘭 Suburban 後座。我說的後座，指的是在車內自由移動。多年來我都是讓牠這樣。若我離開幾分鐘讓牠單獨留在車內，很少特地把牠關進籠子內；我完全可以相信牠會安安靜靜待在裡面直到我回來。事實上，若牠因為某些原因想要出來，那麼關在籠子裡反而會帶來麻煩。

我們習慣叫牠胡迪尼[1]，這是幾次牠施展鐵籠逃脫術後換來的綽號。這聽起來有點浮誇，但千真萬確；開羅學會把前腳擠出鐵欄杆，然後用腳掌推開籠子的門閂。若此方法不奏效，牠會用牙齒和腳推擠鐵欄杆，直到成功製造出一個得以鑽出籠子的開口。

總之，在這特別的一晚，攻堅與爆破上演時開羅待在 Suburban 裡。練習完回到車裡前

1 哈利．胡迪尼，本名艾瑞其．懷茲。被稱為史上最偉大魔術師、脫逃術師及特技表演者。

我都沒有多想，而回去後牠正在裡頭氣喘吁吁地跳上跳下，身上覆蓋著一團團白色布料，模樣像極了剛穿過一片暴風雪。事實上，牠在車裡打造了另一種型態的風暴，將頭枕咬下後徹底撕爛。

「開羅！」我一開門便大喊出聲。

牠跳進我臂彎裡下一秒又跳到地上發瘋似地兜圈子。我很快扣上牽繩帶牠去散個步——至少牠沒有大便或尿尿在車子裡。我並沒有真的生牠的氣。畢竟牠是我的責任，是我讓牠留下的。我早該料到這點，總之錯在我。

「你知道下次不能這樣了，對嗎？」羅伯對我說。

我知道了，當然。用炸彈轟炸周圍時把開羅留在車內並不公平。我不覺得牠會害怕爆破聲。老實說，我很確定牠只是興奮又困惑。看，對開羅來說，爆炸和槍火是開工的信號。狗狗的訓練是基於刺激和獎勵的基礎。對牠而言，戰鬥的聲響就是刺激。一次又一次的獎賞則是打架和啃咬的機會。找出壞人修理他。我只能想像當牠聽到爆破聲但卻無能為力時該是何等困惑。因此，這次過後，只要牠不需參與演練，我就會將牠關進籠子裡。

安全比感到抱歉還重要。

下個週末我們離開北加州，直接去到西南方另一處訓練中心，那裡的設計不僅模擬了任務，就連地理環境與氣候也面面俱到。我們在高海拔的沙漠地受訓；一次又一次登上直升機飛行近乎是從賈拉拉巴德到阿伯塔巴德的距離，接著快速游繩下降。開羅每次都和我一起。

來到這週的尾聲時，我們已經操練得爐火純青。憑心而論，這並沒有很複雜。過去我們進行過相似的任務上百次。這次之所以獨特且極為致命，在於我們所追捕的對象是海豹部隊歷史中最受關注的目標；甚或是軍史中最受關注的目標之一。這大大提高了重要性和風險。若搞砸了，從軍事和公共關係角度來看，不良影響都將持續多年。且我們可能全都會喪命。

然而，戰術上來講，表面上看來此次任務並沒有比較複雜或麻煩。

四月底時我們已經熟能生巧。我們無數次演練攻堅，我從未有機會在執行任務前有這樣豐富的練習，整個過程已銘記於心。兩架黑鷹直升機將在夜幕的掩護下從賈巴德飛往阿伯塔巴德。我們的直升機載了兩組隊員：一組是周圍的安全部隊，另一組是突擊隊。直升機將降落在院落之外，讓安全部隊先離開。這隊有我、開羅、羅伯、一名口譯員、兩位狙擊手加上一名槍手。接著直升機會飛到主屋上空，讓突擊部隊的成員游繩下降至屋頂。最後，計畫有些變動，羅伯加入了屋頂的小組，如此就有多一名槍手進入主屋。

我負責協助維護院落外周圍的安全，可能要應付蓋達組織的武力、當地警察，或者，更有可能是社區內好奇發生什麼事的居民。我們不確定當地人知不知道賓・拉登藏身其中，但知曉的機率很高。不管怎樣，我們必須保護院落周圍，讓突擊隊在裡頭執行任務。此外，若內部突擊無功而返，或者賓・拉登不在，那麼我就要帶開羅進去做更進一步的搜尋。很有可能蓋達組織的首領在院落內有多個藏身之處。

同時間，另一架直升機會在庭院上空盤旋，高度可能低於、或是稍稍高於圍牆，位置差不多是在主屋和招待所之間。突擊部隊將在那裡游繩而下，狙擊手則會在機艙內提供必要的安全協助。不必明說，這架直升機面臨的是最危險的任務，突擊部隊一離開它就有可能受到攻擊。若院落內有幾個訓練有素且配備武器的保全部隊，那直升機就會是火箭推進手榴彈的頭號目標。

然而，這並不是多此一舉。若這聽起來複雜又危險……嗯，確實如此。但並不比我們過去成功達成的那些任務困難多少。我們在訓練、科技、情報和武力上佔有優勢。我們有經驗且這是一場突襲（或者說我們希望對方毫不知情）。但有些我們不知道、不會知道的事情，這些千奇百怪的事將此任務推進了未知的領域。就算情報顯示院落內沒有武力，但可以想見歷史上的頭號恐怖分子應該配有全副武裝的保全部隊。此外，恐怖分子在被圍攻時突然來顆炸彈反擊的方式行之有年。我們應該會在院落內遇到自殺炸彈客；天殺的，我們覺得整座院落就是一大顆自殺炸彈。最終，可能不只有當地居民介入，還會再加上巴基斯坦警力或軍隊，這些人都不會贊同美軍一聲不響地就飛入他們的領空。他們可能指控我們攻擊他們的國家並展開報復。用寡不敵眾這詞來形容我們的處境也許太過輕描淡寫了。

不過，接近四月底之時我們接獲消息指出白宮很可能支持這項任務，我覺得充滿信心又驕傲。沙漠訓練結束後我們回到維吉尼亞，被指示要將所有事情安排妥當。對我而言，最重要的是確定我的人壽保險費已經繳交（軍隊的政策供我們一百萬美元）並立好最新的具法律效力的遺囑。我沒什麼東西好留下的。我確定四月的過去幾天對那些已婚的成員們特別困難——與他們的妻小道別，無法明說為什麼看起來比以往更傷心，但對我來說，這只是再次離家出任務而已。

離開前我沒有打給我媽。這是我的標準做法。一個原因是，我媽媽聽力不是很好，打電話回去成了挑戰。再者，她一如往常擔心很多，若我這次打電話回去，她會懷疑事情不尋常。所以我跟平時一樣：傳了內容短而簡單的簡訊。

我有打給我爸。這也是我出發部署前的標準程序。但這次感覺不一樣。雖然我長時間獨自一人住在遠方，但和爸爸仍舊相當親近。我想道別……以防萬一。這段對話不長，每次跟我爸交談都是如此。我告訴他突然需要部署，有重要的事情發生了，而我參與其中。我也告訴他可能不會回來了。他知道最好不要過問細節。

「注意安全，知道嗎？」他說。

「我會的，」我回答。「那個，爸？」

「嗯，孩子？」

「我愛你。」

在他回答之前有段長長的停頓。我可以想像得到他在想什麼。

「我也愛你。」

第十八章

你有你的要求，我有我的看法
所以你能保證些什麼

在特製 MH-60 飛鷹直升機後座，我閉上雙眼讓自己沉浸在 AC/DC 樂團的〈有錢好辦事〉（*Moneytalks*）中。每個人都有自己的程序，有人一路睡到目的地。有人試著交談，雖然在機艙內的轟隆聲響中很難如此。有些人一言不發，只是在腦中反覆演練任務。

我的肩膀上掛著小小 iPod，我聽音樂，大聲的重金屬或鄉村音樂。今晚是 AC/DC。布萊恩．強森的聲音竄進我的耳機時，我傾身拍拍開羅的頭。黑鷹比契努克小不少，所以我們全擠成一團。開羅和我都坐在地上；牠坐在我兩腿間，一如往常地冷靜自若。我用大拇指勾著胸帶揉揉牠的背。自前一年遭受槍擊之後，每一次出任務牠都穿同一件沾了血漬的背心。牠抬頭，眼神迫切地望著我。

直升機後座差不多有十二人，另有兩名厲害的暗夜潛行者在前座。羅伯坐在我旁邊（但他明智地提前做好計畫，帶了一張小摺疊椅。）我們互看好幾次，但什麼也沒說。大約一個半小時前，我們於二〇一一年五月二日晚間十一點半左右兵分兩架 MH-60 離開賈巴德。現在我們身處巴基斯坦領空，相當接近阿伯塔巴德市。一如往常，一陣爆裂的聲響自無線電傳來，提醒我們十分鐘後離開機艙。這是標準的操作程序，但就像許多海神之矛行動的其他事情一樣，這**感覺**很不尋常。

我關掉音樂，在腦中模擬攻堅行動近百次。我檢查無線電、武器、夜視鏡，並快速看一眼每個人都有的護貝地圖卡，上頭是院落的平面圖。我確定開羅也準備好了。

「五分鐘！」

此時，兩架直升機一同飛行，但在我們接近院落時，另一架朝著圍牆而去，消失在視線之外。

「兩分鐘！」

我們抵達院落之外。機長熟練地降落黑鷹，精準落在我們應該展開攻堅的X上方位置。我和開羅、狙擊手和口譯員跳出機艙，立即開始於外圍執行任務。正當我們有條不紊地朝院落圍牆移動時，我回頭看見黑鷹仍然停在地面。幾秒後，其餘的突擊部隊著陸。我不知此時發生了什麼事，但肯定不是好事。

天……我們才剛著陸就遇到壞事。

計畫會瞬間改變。這可能會發生在任何任務階段，而顯然就是現在。由於某些原因，我們這架黑鷹的突擊隊改變方向，不是游繩下降到院落內主屋屋頂，而是決定現在離開直升機，從牆外攻入。很好。除非接到新的指示，我的任務不會改變。我解開開羅的牽繩，帶著牠順時針繞著院落外圍。爆破聲在我身後響起，無疑是攻堅任務時炸毀大門的聲響，在必要時採取一切手段進入院落。我與開羅並列前行，牠厲害的鼻子貼著地面地毯式搜索炸彈。

轉至牆角時，我抬頭看向圍牆，下一個轉角處有某個東西延伸出來……差不多是在圍牆上方，是一架直升機的尾翼。但只有尾翼，我猜其餘部分是在另一頭。這看起來很不真實，不像是失事，比較像是不精準的著陸。事實上，這看起來實在太過怪異，所以我第一個念頭是：嘿，那看起來好像是我們的直升機！

看起來當然很像。那**就是**我們的！

當時我不知道的是（第二架黑鷹裡的我們都不知道），第一台直升機在圍牆內上方約六公尺處盤旋時遇到了嚴重且出乎意料的問題。就在直升機試圖保持平穩，突擊兵準備游繩而下時，機身突然開始劇烈晃動。炙熱、乾燥的空氣加上院落堅實的圍牆製造了一股猛烈的氣流，導致機身深陷自己的旋翼風暴中。我們的演習中怎麼從未發生這事？因為呢，建造在北加州的院落模型圍牆高度一樣，但並不是堅固的建材。這讓風勢，包括直升機螺旋槳製造出來的氣流可以毫髮無傷地穿透牆面。

結果，在阿伯塔巴德，院落堅固的牆壁讓事態變得非常困難且挑戰性相當高。毀滅性的後果正蠢蠢欲動。

幸運地是，機長立刻意識到事態嚴重；他沒有跟氣流硬碰硬（這將會引發災難），而是精心策動了一場完美的「可控式墜毀」。他將黑鷹調頭轉離牆面，盡可能輕巧的降落在地上，讓尾翼落在牆沿上方。沒有人受傷。所有人立刻跳出，任務繼續按計畫進行。

我們這架直升機的機長在駕駛艙內全程目睹，所以開羅和我以及其他安全部隊的成員離開後他決定不升空。相反地，他告訴突擊兵們無法飛進院落，必須馬上離開機艙自外頭攻堅。

這一切都發生於短短數分鐘之內，幾乎沒有對整起行動造成影響。我們演練過多種場面，其中之一是從大門攻破或是其他外牆上的出入口進入院落；我和開羅在周圍時突擊兵們正進行此事。我可以聽到槍響和更多爆破聲。我試著要在腦海中建構事情發生的畫面，但我必須完全信任其他人，所以便專心在自己的工作上，讓開羅找出炸彈或躲在圍牆後方的反叛者。

最後，繞行兩圈後，可確定外圍完全安全。某種程度上，這很不可思議。若這裡真是奧薩馬．賓．拉登的家，院落周圍怎麼會沒有排滿應急爆炸裝置？炸彈和狙擊手呢？這一切似乎太過簡單了。

還有另幾位成員於院落外圍維護安全，直至目前為止，沒有好奇的當地人明顯干擾到工作，我開始往內部移動。身為馴犬師的我在多起任務中肩負這項工作，今晚也不例外。一旦外圍安全無虞，我便要帶著開羅進入，讓牠探尋炸藥和可能藏匿其中的人。一如以往，這兩者出現的機率很高。

一進入主屋，距離我們著陸大概才過了十到十五分鐘，便看到裡頭滿是廢墟和屍體，顯然是攻堅與槍火的產物。在一樓，我們從幾具屍體旁走過；開羅自然而然想要快點來場啃咬，但這些人明顯都死了，沒有任何威脅性，所以我拉著牠，設法讓牠專注在首要任務上：氣味偵查。

地上覆滿碎玻璃，所以進入下一間房間搜索之前，我好幾次抱起開羅踏過碎片。我們有條有理、冷靜地搜索一樓。同時間有超過二十名海豹在院落內，其中大部分是在主屋中，但當時我並不知道太多詳情。雖然槍聲逐漸減少，但仍舊有隨時再次爆發的可能。就我所知，一群壞蛋正躲在地下室或是某幾面假牆壁後，或者隨處都有可能。炸彈的引爆線可能就懸吊在天花板或是各個門口，我們一秒都不能鬆懈。這棟建築戒備森嚴，只有零星幾個持槍的自殺反叛者突然從躲藏的地方冒出來，讓我們不只一次以為自己已經到了任務的盡頭。

我們曾因為這樣痛失了一些同伴，所以回到基地前我們都不會掉以輕心。

任務結束前……都是作戰狀態。

我和開羅跟在一隊訓練有素的槍手身後前往二樓。如同我所接獲的指示，需要開羅時我便引導牠。大多時候我都設法讓牠的注意力放在炸藥的氣味上。整段過程我都待在屋內，我猜很有可能會爆炸。這裡頭沒有安置炸彈似乎不太可能——我是說，若換作是我，我會那麼做，而我們最希望的就是在被炸藥炸死之前開羅會先找出它們。這正是我帶著牠在一、二樓一間接著一間房間搜尋的原因。就算我們看似掌控了整座建築，我也想確保沒有任何驚嚇；運用開羅傑出的氣味偵查能力是最好的方法。

爬上通往三樓的樓梯時，我注意到行動的聲響明顯提高。有一群我們的成員在三樓，但沒有打鬥。我聽到熱烈的交談聲和騷動，其中一名槍手和我在樓梯間碰頭。

「那裡簡直瘋了，起司，」他說。「想要的話你可以上去，但我想他們不需要狗。你待在二樓等他們叫你時再上去可能比較好。結束了。」

結束了……。

這只可能意味一件事：情報正確，賓．拉登在屋子裡。現在他死了。我的興奮感瞬間飆升，想上樓一探事發經過；但我不打算只為滿足自我的好奇心就忽視隊友的建議。我完全相信隊友們。若其中之一說用不到開羅……那就是用不到。

他的話足夠正確。我退回到二樓，讓開羅持續進行工作，並等待後續指令，有需要時再上三樓提供協助。

我離開一間房間踏進二樓走廊時，羅伯從三樓走下來。我們一起進到另一間房裡。我們眼神相會。他點點頭看似在微笑。我似乎從沒看過羅伯露出這種表情，執行任務時他總是全神貫注。

「哥們，」他說。「我想我剛剛槍殺了那王八蛋。」

「什麼？」我說。「你是認真的嗎？」

羅伯點頭。「對。我剛剛一槍打在他臉上。」

他沒有說賓．拉登的名字，但我知道他在說誰。我們倆僵在走廊幾秒鐘。這項消息已經傳到陸軍司令那邊了。片刻後，他的聲音自無線電傳來，將訊息報告給負責聯合特種作戰司令部的海豹隊員，威廉．麥克雷文上將。

「為了上帝，為了國家，傑羅尼莫，傑羅尼莫，傑羅尼莫，EKIA。」

我們用很多代號表示海神之矛行動各種不同的階段。「傑羅尼莫」指的是奧薩馬．賓．拉登；不一定是指他已經被殺死，找到並和他對峙也用此代號。後面的「EKIA」，代表的是此次對戰的結果：「擊殺敵人（Enemy killed in action）。」若這訊息聽起來挺有節奏感的，嗯，或許這情況值得這樣的旋律。

「喔耶！」我說，高舉雙手和羅伯擊掌。此時此刻，在賓．拉登他家的二樓，我們擊掌慶祝。

讓我來做一些解釋：在任務期間，或是之後，我從來沒有跟人擊掌過。我從未看過有哪個隊友如此慶祝。這一點都不酷，也不專業……通常無法接受。這可不是遊戲。我們不是牛仔，也不是維安小組。我們是精英特種部隊的一分子，以純熟的技術和務實的態度履行使命並引以為傲。

我們投入，我們撤退，我們執行下一個任務，

殺人後擊掌？

拜託，老兄。誰會這麼做？

這個嘛，二〇一一年五月二日，我這麼做了。雖然之後回顧會稍微皺眉，但我確實做了。而當下這完全是正確的反應。這是純然、恣意的喜悅。

多本書籍和雜誌都鉅細靡遺地記載了海神之矛行動，包括幾本海豹部隊X分隊成員寫的書。若你讀過不只一本，便知道有關當晚於阿伯塔巴德的內容描述各有不同。整起行動不到四十五分鐘，當時，不是每件事都毫無波瀾，首先是第一架直升機被迫停靠在院落圍牆上。房屋和周圍社區大多一片漆黑，幾乎整個過程都需要有夜視鏡。要迅速完成任務必須背負極大的壓力，且中途還遭遇各種反抗。

我不想，也沒有資格提供這起任務最精確可靠的描述，尤其是關乎於發生在三樓的高潮片段，賓．拉登在那裡被海豹們找到並擊殺，儘管過程中有兩名女子試圖阻撓（應該是他妻子）。我只能告訴你我親眼目擊以及有確切證據的經過。突擊隊應付並殺死幾個敵

人，包括賓．拉登的信使們和他兒子哈立德時，我和開羅正在外頭的院落尋找炸彈。我沒有目擊同伴最終與賓拉登的對峙，當時不只一名海豹成員朝他開火。是哪顆子彈殺了他？我不知道，也不在乎。

我只知道：我們解決他了。

我們的任務並沒有因賓．拉登的死亡就此終結。一大群操作員在三樓找出大量文件、隨身碟、光碟和其他物品，將它們全部扔進大塑膠袋裡，我則繼續搜查底下兩層樓，同樣交由開羅仔細清理每個房間，雖然機率很低，但也不無可能有被忽略的生存者；或者，更有可能的是，整棟房子將會引爆。我們從二樓移動至一樓，再慢慢去到外頭庭院，最終回到院落外圍。從這裡，我可以看見遠方有幾小群人自鄰近社區朝院落這邊移動。不是大群暴民，但數量已多到值得關切。這是個人口稠密的城市，若當地居民願意，我們很快就將寡不敵眾。如此一來，場面一瞬間就會變得相當難看。

開羅在場幫了大忙。聽起來很怪，但通常一隻大型且雄壯的攻擊犬比一群握有自動武器的士兵更有本事勸阻湊熱鬧的人和反叛者。

我們迅速繼續工作。幾名住在院落內的婦女和孩童被帶到外頭，聽從指令在與墜毀的黑鷹相對的那一面牆前緊靠在一起，同時間我們正等待撤退的口令。

包括爆破專家在內的幾名隊友在墜毀的直升機內安裝定時炸彈，如此我們便得以將之摧毀。基於實際以及公共關係的考量，任務後你不會想將一丁點設備留在現場，特別是如黑鷹直升機這般價值不菲的裝備。首先，墜毀直升機的照片或影片等於向全世界大喊失敗二字。更重要的是，這架直升機裝載著尖端科技，包括監視儀器和武器，千萬不可讓這些東西落人錯誤的人手上。若直升機出問題必須拋棄，離開前就必須徹底摧毀。

關於這點，儘管直升機機長出言抗議，但直到最後他依然維持著狠角色本性。

「我可以駕駛那玩意。」他說，即便導線已經安裝好準備炸毀。

「不，沒關係，別擔心。契努克已經在路上了。」

「不，我是認真的，」機長堅持，一邊看著插在地上的直升機前端。「我可以把它拉出來。」

就像我說的，暗夜潛行者是最厲害的，你必須欽佩這些人。但我們不打算冒險。

四架 MH-47 契努克直升機——我們習慣稱為「飛行的校車」，因為它們龐大又笨重，於我們離開賈拉拉巴德後不久隨即起飛。其中兩輛校車內有幾十名海豹所組成的快速應變部隊（QRF），已經待命在側，災難發生時隨時準備發動。另一架校車飛過巴基斯坦領空降落在遠方的地區，撤退或補充燃料時若需要協助可以召喚他們。

我們現在需要幫助。

呼叫契努克時，第一架黑鷹已經在回賈拉拉巴德的路上。突擊部隊的幾名成員帶著賓．拉登的遺體搭乘黑鷹回去賈巴德，其餘的人則在院落外的草地等待契努克。居民們都回屋子裡去了，並聽令不要出來。

不幸的是，契努克接近時，黑鷹上的定時炸彈正準備引爆。我們倒數——「三十秒」——時契努克正好映入眼簾。當我們意識到契努克飛入院落的時間點正好是黑鷹爆炸的時間時，著實捏了把冷汗。然而我們的隊長非常鎮靜。

「阿伯特，」他朝對講機出聲。「圓形跑道。」

這是隊長讓機長知道有事情不對勁的方式，要他在降落前先在空中兜一圈（一圈「圓形的跑道」）。

「收到。」機長回應。

黑鷹化為一團火焰時，契努克在院落上繞行了一大圈，在附近安全著陸前先調頭以相當誇張之姿穿過一大團蘑菇形狀的煙霧。這畫面讓人感覺彷彿置身於電影中。

我們迅速登機，契努克升空高飛前安靜地擠在一塊。我看向窗外，火光與煙灰竄至院落上空。開羅安靜地坐在我腳邊，但我彎腰撈起牠，讓牠坐上我的大腿。置身契努克嘈雜的旋翼聲中幾乎聽不見其他聲音。這不要緊，因為我不太想講話，沒有人想開口。我想大家都震驚於自己竟然能夠存活，也被我們甫完成的工作的重要性給壓垮了。

我拿出 iPod 滑過歌單，在我最喜歡的音樂之一處停下，崔維斯．崔特的〈這天活著真好〉（*It's a Great Day to Be Alive*）。過去我無時無刻都在聽這首歌，但法爾克殉難後就不再聽了。這會觸發太多情緒，所以我將它推至一旁；法爾克被殺害以來，我從來都不覺得「這天活著真好」。但現在，有開羅和弟兄們在我身旁。或非此刻，更待何時。

我向後靠，閉上雙眼……在腦中獨自高歌。

嗯，我可能要去弄個新的刺青

或者騎著我的老舊哈雷來趟三日之旅

第十九章

自阿伯塔哈德返回賈拉拉巴德的飛行航程可說是此次任務中最危險的部分。我們身在敵軍領空，巨大的飛天校車緩緩飛過天際，成了此任務消息傳開後可能被派出的巴基斯坦士兵的顯眼目標。但我記得當時我並不特別擔心。我根本沒有期待能活著完成海神之矛行動，現在，安全已經觸手可及……嗯，或者說目前還沒遇難。

大約清晨三點鐘，我們率先降落賈巴德。麥克雷文上將、幾位海軍高級軍官及CIA與FBI情報專家出來迎接我們。他們仔細閱讀我們帶回來的文件，並和所有參與突擊的人進行會談以建構出一個條理清晰的事發經過。就我的經驗看來，要想穿越戰爭的迷霧，有時需花費數天或數週，記憶、壓力和不同的觀點結合成了一則複雜的故事。

但阿富汗飛機庫地板上躺著的是奧薩馬．賓．拉登的遺體，全世界都想知道事發過程。麥克雷文上將一度親自檢查屍體。距離幾尺之外，我可以看見賓．拉登濺滿鮮血的臉幾乎一分為二。麥克雷文繞著屍體仔細查看。一開始我不確定他是在做什麼。結果他是想測量遺體確認是否與我們所知的賓．拉登相符——具體來說，他是個高個子，大約一百九十三公分。可惜沒有人有捲尺，所以麥克雷文要現場一位較高的旁觀者躺在屍體旁邊。死掉的那人稍微高一點，就一點點。

麥克雷文點點頭。DNA鑑定很快就可以正式確認賓．拉登的身分，但現在……

就快了！

下一站是巴格拉姆，那裡有更多情報處代表人員和海軍官員，以及進行更多證據的評估和報告的匯集。我們全都待在飛機庫享用豐富的早餐，一邊講笑話一邊慶祝我們畢生最重要的一次行動——老天，搞不好是特種部隊史上最重要的一次。一台大螢幕電視被搬到這裡，讓我們能夠觀看美國報導這起事件。

當地時間晚上十一點三十五分，歐巴馬總統走上白宮內的講台，向全世界發表演說：

各位晚安。今夜，我可以向美國人民及全世界宣佈，美利堅合眾國已經終結了蓋達組織首領，以及該為數千條無辜的男男女女及孩童性命負責的恐怖分子，奧薩馬．賓．拉登的性命。

將近十年前，在一個明亮的九月早晨，天空因一起歷史上對美國人民造成最慘烈災害的攻擊而變得灰暗。九一一事件的畫面深深烙印在於我們的國家記憶之中：被劫持的飛機劃過萬里無雲的九月高空；雙子星大樓轟然倒塌；黑煙自五角大廈竄起；聯合航空九十三號班機上英勇的公民避免了更多慘劇和摧毀發生，最終墜毀於賓夕法尼亞洲尚克斯維爾。

然而，我們知道最心痛的景象並未公諸於世。餐桌邊空蕩蕩的椅子。孩童們被迫在沒有母親或父親的情況下成長。父母們永遠感受不到孩子的擁抱。將近三千位人民離開了我們，在我們心中留下了一個巨大的空洞……。

接著，去年八月，我們的情報組織艱苦工作了多年，我聽取簡報指出可能有賓·拉登的線索，但事情遠遠不能斷定，又經過了數個月才成竹於胸。我不斷與國家安全小組會面，找出了更多有關賓·拉登躲藏在巴基斯坦一座院落內的可能性的資訊。最終，就在上週，在我們掌握了足以展開行動的充足情報後，我授權了將賓·拉登繩之以法的行動。

今天，在我的指示之下，美軍於巴基斯坦阿伯塔巴德的那一座院落內發動了目標明確的任務。一小群美國人以非凡的勇氣和能力執行了這次任務。沒有任何美國人受傷，他們也極力避免傷及當地居民。雙方交火後，他們殺死了賓·拉登，並帶回了他的遺體。

對極了，我們辦到了！

在這充滿非凡事件的一晚，最奇怪的莫過於這事：坐在巴格拉姆的飛機庫內吃早餐，看著美國總統向世界宣佈擒獲賓．拉登此最高機密任務的結果……就在我們完成任務幾小時之後……而且（這是最棒的部分）賓．拉登的屍體就在我們幾公尺之外。

實不相瞞：我不是很喜歡歐巴馬。沒有私人原因，純粹是因為他任職期間嚴格的交戰規則導致我們的工作變得困難，有時也更危險。但他仍是總統，有發起這項任務的權利。我咬了一口三明治看向螢幕，然後環顧四周，看著這群一起共事的最偉大的人。接著我看向左邊賓．拉登殘破的臉。

這真是神聖的一刻。

不到三十六小時後我們回到維吉尼亞，不用說，在這裡我們被視為戰爭英雄。國防部長勞勃．蓋茲專程過來只為和每位成員握手，任務的所有成員都被授予銀星勳章，表彰各位「英勇作戰，對抗美國的敵人」。開羅沒有獲頒銀星勳章讓我很失望；牠也是此任務中不可或缺的功臣，牠也冒著同等的風險。

但至少牠不是完全被忽視。幾天後，我們所有人被召至第一六〇空軍基地所在地，肯塔基州的坎貝爾軍營。在那裡我們會見了總統歐巴馬及副總統喬・拜登。總統發表了簡短的演說，讓他有機會「代表所有美國人民及世界上所有人說聲：幹得好」。他似乎為此相當感動與驕傲。

我們被授予總統集體嘉獎，並以我們帶著出任務、回國後裱框的美國國旗作為回報。框架的正面刻有字樣：**海神之矛聯合作戰部隊，二〇一一年五月一日：獻給上帝與國家傑羅尼莫。**

交流之前，我們的指揮官向總統簡短匯報了任務的細節，其中包括開羅是突擊行動不可或缺的一員的事實。事實上，牠正與我們在一起。

歐巴馬的反應如何？

「我想見見牠。」

有人開玩笑建議總統若想和開羅打招呼，最好帶些獎賞好讓牠放鬆警戒。畢竟，牠可是隻危險的攻擊犬。總統和副總統雙雙進入另一間房，我和開羅正在裡頭等著。

「所以這就是鼎鼎大名的開羅。」歐巴馬總統說。

「是的，先生。」我回答。

歐巴馬點點頭，對開羅和我以及隊上所有人說些讚揚的話，然後我們握手並合照。拜登和歐巴馬都輕輕拍了拍開羅的背。好狗如牠，完全沒有退縮。牠一如往常享受一段開心的時光。

當然了，開羅從頭到尾都戴著嘴套。我沒打算賭上任何風險。你能想像若開羅突然狠咬總統一口會怎樣嗎？那麼海豹部隊史上最重要的任務就會有個糟糕的註腳：我站在美國總統旁邊，問道：「我被炒魷魚了嗎？」

第二十章

回來的第一晚，我帶開羅回家以牛排大餐做為慶祝。更多菲力里肌牛小排——一塊我的，一塊牠的。牠今晚在我家過夜，像個小嬰兒一樣縮在床上熟睡。隔天，我將牠帶回犬舍時受到了嚴厲譴責。工作犬相關的規則照舊：馴犬師不論何種原因都不能帶牠們回家。

我知道，我只是不在乎。

「拜託，老兄，」我說。「這是特殊情況。」

「不，威爾，真的不行。不能再這麼做了。」

「但我們才剛殺了賓．拉登欸！」

「我知道。幹得好。但你還是不能帶牠回家。」

「認真的嗎？」

「對，千真萬確。」

那次我並沒有捲進麻煩，但下一次就不一樣了……這個嘛，最好不要有下一次。嘿，你看，我懂了。我瞭解規則，也知道這是個合理且實際的考量。我的部署與和狗合作的經驗足夠了解牠們在對的或錯的情況下會對人類做出什麼事來。

因此，那晚之後我就沒有再犯傻冒險了。畢竟我本來是應該要和開羅分開的。我試著繼續過自己的生活，也就是投入工作。就和我思念開羅的程度一樣，我也對從事其他事情的機會感到興奮。

我堅持和牠保持聯繫，只要我們倆都沒有外出訓練的行程，我差不多一週會去探望一次，每次見到我牠都很高興。我們會玩拋接遊戲、散步，有時我會一把抓起牠離開去別處好幾個小時，接著再次分道揚鑣。我沒有向任何人施加想帶牠回家的壓力，部分原因是新的犬舍負責人，說得委婉一點，有點難搞。我大膽猜測他之所以被安排管理犬舍是因為他沒法跟人相處；搞不好是因為那些人覺得他跟動物在一起會好些，而這份工作也不太需要跟人競爭。

我和犬舍經理處不來，但自從我卸下馴犬師身分後，就不太需要和他相處了，就算去探望開羅時也會對他敬而遠之。賓・拉登任務結束後幾個月，有天我自訓練營回家後開車去到犬舍。開羅飛撲到我懷裡，一如既往想和我跳支舞，看起來開心又健康。我知道開羅仍持續接受高規格的訓練和照護，為哪天需要部署做準備。但目前為止還沒有這個需要。

我擁抱開羅，摸摸牠的背部和四肢時摸到了一個腫塊。再一個……第三個。

「等等，孩子，這是怎麼了？」我一邊說一邊用手指揉捏腫塊。我不是獸醫，但我和狗狗相處的時間足以明白腫塊並不一定需要擔心，它們十之八九可能只是良性囊腫……脂肪沉積，狗狗一直都有腫塊。另一方面，這也可能是更嚴重的跡象，所以我打給獸醫，得到許可帶開羅去做檢查。醫生檢查後直言那只是液體堆積的囊腫，不會導致長期的衰弱也不是癌症的先兆；然而，必須要清除才行。他切開囊腫、清理傷口，然後纏上繃帶。開羅依舊秉持牠正向的心態接受這一切。

「牠會沒事的，」之後醫生說道。「今晚帶牠回家，好好照顧就行了。」

喔噢……。

合理。就跟人類一樣，狗狗手術後的傷口也會敏感和有刺激性。但不像人類，牠們並不知道千萬不能去撥弄傷口，就算是很小的傷口也不行。在犬舍裡，開羅是十幾隻狗之一，很有可能沒有人會注意到牠在抓撓或啃咬自己的傷口。犬舍經理肯定也會同意醫生的評估結果。

也有可能不同意。

「不行，」經理說。「牠不能離開犬舍。」

我之前說過，犬舍經理也是海豹部隊的士官長之一，位階比我高。我不能和他爭辯。相反地，我打給我的長官向他說明醫生的指示：今晚不建議讓開羅回去犬舍。我請他打給犬舍經理。他們倆人可以商討個結果出來——士官長對士官長。

負責犬舍的士官長沒有被說服。可能是因為他不喜歡我；也可能他覺得自己的權利遭受威脅；或者他單純是個傻子。不論如何，就算知道醫生建議開羅和我回家接受密切關照，犬舍經理還是堅持他自己的決定。

「**帶牠回來。**」

我遵從指示。開羅安然度過那晚，傷口癒合得很快，但我和犬舍經理的關係更是降到了冰點。只要人在鎮上，我依舊每週去探望一次。有時候，特別是逢年過節時，我還會帶些食物過去。我和安傑洛保持密切聯繫，知道我的狗有獲得良好的照顧。

同時間，我的訓練進展得很順利。我必須承認不需每天時時刻刻和一隻狗拴在一起，感受到的自由就和我思念開羅的程度一樣強烈。我心情很好，強化了身為突擊兵的技術，也期待下一次部署。

然後發生了 Extortion 墜機事件。

事發於二〇一一年八月六日清早。一架代號 Extortion 17 的美軍契努克直升機甫進入阿富汗登吉谷。機上總共有三十八名人員，包括一支十七人與一隻軍犬的海豹部隊、十三名美軍士兵、七人組成的阿富汗戰鬥部隊及一名口譯員。Extortion 17 是以攻擊部隊身分協助代號為 Extortion 16 的姐妹號契努克直升機的初始應變部隊（IRF）。

此攻擊部隊大多數成員為第七十五游騎兵團的戰士，深入登吉谷的核心地帶執行追捕塔利班首領卡里·塔希爾的任務。一番交火後，Extortion 17 應變部隊被派出支援。當契努克下降至谷地上空不到一百公尺的距離時，戰士們預備離開機艙登陸。在夜幕的掩護下，他們沒有看見底下草叢中躲著兩名反叛者，兩人都攜有火箭推進手榴彈。

對經歷過阿富汗或伊拉克戰爭的人來說，火箭推進手榴彈是惡夢。這畫面極度不協調——一個男士裝扮的人蹲伏在草叢裡，肩上架著一根一公尺長的管子，瞄準頭上五十公尺或更遠距離之外的龐大契努克。但這配對沒有錯，雖然大部分的火箭推進手榴彈都瞄不準，但有些例外特別精準。那後果都極具毀滅性。

Extortion 17 就是那個例外。手榴彈重擊契努克的螺旋槳，隨之而來的爆炸瞬間殺了機上所有人。

Extortion 墜機事件是美國特種部隊史上遭遇到最致命的災難，也意味著海豹部隊歷史上最慘痛的損失。同時這也是為期長久的阿富汗抗爭中，單一事件所造成的最慘重美軍人員傷亡。

Extortion 災難撼動了海軍特種部隊，此話毫不誇張。我們都知道身處沙場的風險，也都失去了好友。這是必然的結果。但一夜之間痛失這麼多好人、這麼多弟兄，就只是區區一顆火箭推進手榴彈……令人無法負荷。

每個人都有自己應付悲傷的方式。若你是軍人，你只能壓抑悲傷繼續過日子，這對特種部隊的人來說格外貼切——你假裝不受影響，因為那是預料中的結果。Extortion 墜毀事件後我參加了好幾場喪禮，和一些隊友們一起哭泣……然後又繼續埋首工作。我失去過朋友；這次沒什麼不同，傷口終會癒合。

但是奇怪的事情發生了。它們沒有癒合，現在沒有。它們**潰爛**，午夜夢迴時我會因疼痛而驚醒，最後獨坐客廳看了好幾個小時的電視。我發現自己凌晨三點還醒著，焦慮冒汗，沒法再度入睡。為了應付失眠和睡眠不足，我尋求了一個萬靈丹：酒精。一開始只是一點點，後來一發不可收拾。

提到社交飲酒，我絕不會試圖暗示自己道德高尚。事實上。海豹們在部署和密集訓練之外的時間也會狂歡開趴。我喜歡和夥伴們出去享受，增進同志情誼。這是兄弟精神的一部分，我不打算否認或找藉口。我很享受，所有人皆是。

但現在我指的不是這種飲酒。我說的是下班一回家就立刻啪一聲打開啤酒，獨自豪飲。一瓶接一瓶。最後夜深人靜時你改喝烈酒，時間一小時一小時地過，隔天一早你在沙發或某張椅子上醒來，頭痛欲裂加上腸胃翻攪。

每一天都是如此。

事實是有相當數量的美軍人員都飽受創傷後壓力所苦，特別是那些現場履行戰鬥義務的人，再加上可能加劇症狀的創傷性腦部損傷，這已經是眾所皆知的事。這些人不傾向自我用藥。只要仍穿著制服，你所擁有的選項就相當稀少。若你沒有通過藥物測試，你的職涯很快就畫下句點。（使蒂諾斯安眠藥是個例外，它被廣泛接受用以對付時差和失眠，而這可能導致濫用。）但沒有針對酒精的檢測；喝酒只是文化的一部分。在出事之前……這都不構成問題。

我就是這樣應付 Extortion 災難的。這是我處理悲傷的方式。那感覺就像火苗慢慢引燃，而非一瞬間炸裂。然而最終，這對我造成的損害顯而易見。首先是我開始掉髮。不是幾小撮，而是像做完化療那樣大把大把地掉。我某幾處毛髮濃密，某幾處已全然光禿。這不是遺傳性禿頭；是更奇怪也更不祥的落髮。再者，我的手指甲開始破掉脫落。不是一小塊碎片——是整片指甲。我不知道究竟怎麼了。我一直是個健康、無憂無慮且有自信的人。而現在呢？

我崩潰了。

我明顯惡化的外表，再加上突然沒法像過去那樣執行工作，導致了各式各樣的問題。我遲到好幾次，我大清早就渾身酒氣且明顯宿醉。特種部隊中有條你不會跨過的界線，那線用來畫分在任何情況下都能工作的人，以及那些辦不到的人。我正危險地踩在那條線的邊緣。謝天謝地，很幸運我有幾位好友伸出援手，以愛和關切助我脫離泥沼。

「起司，這不像你，」某天其中一人這麼說。「你需要協助。」

我沒有激烈反抗。我愛這些人；我可以看見他們失望的神情，幾乎是忍無可忍：**拜託，老兄，振作點好嗎？**我知道我有問題，若我不處理它們，將會失去我的職業、健康……失去一切。

我同意去看診，不只是處理酗酒問題，還有背後的原因。老實說，這一切沒有那麼複雜，**只要不要每晚都喝到不省人事就得了，你這個白癡！**但顯然我辦不太到。所以我去看診，重新整理我的行為和作息，三十天後回歸部隊。生理上看來，我覺得好多了，雖然頭髮和指甲花了些時間才長回來。關於掉髮，他們說這是壓力引發的落髮。指甲呢？我不知道他們說的名稱，但也是起因於壓力。

回去執勤並不會減輕壓力，但能讓我感到快樂。我需要回去和隊友們工作，現在我停止酗酒，腦袋也恢復清晰，正期待著下一次部署。**回去就對了**，我這麼想，**事情都會好起來的**。殺死幾個壞蛋對世界有好處，至少對其中渺小的我有益。

第二十一章

二〇一二年春天，下一次部署我回到阿富汗，狗狗仍舊是我的職涯中至關重要的角色。可惜牠們都不是開羅。

為懲處酗酒的問題，我被指派去訓練阿富汗特種部隊新兵。我不想聽起來不滿或不知感恩。事實就是我搞砸了，只能怪自己。部署期間，我恢復了強健的體態。我情緒不錯，也渴望回去工作，但高層決定我必須證明自己的價值，其中一個步驟就是要短期協助訓練阿富汗特種部隊。

整體來說，我並不太喜歡阿富汗軍隊。他們的士兵不怎麼想戰鬥，而他們的訓練，委婉的說法就是不合格。雖然有些例外，但我認為盛行於美軍眼裡的觀點，特別是戰鬥之時，是阿富汗軍隊充其量沒有多大幫助，最壞的情況就是成了累贅。但該國的長期目標是要發動戰爭對抗塔利班，沒有美軍的大量支持與協助就沒法辦到，這其中包括了我所參與的特種部隊。教官有我和另一名海豹，再加上幾位陸軍游騎兵以及幾位私人軍事承包商。我不知道我們這些人之中有誰很高興待在這，我們都更傾向深入槍火之中，但我沒有過問其他人的事。客觀來看，這是份重要的工作；必須有人來做。

只是我不想當那個人。

但是，若我有從海軍特種部隊的職位中學到了一件事，那就是：凡事沒有捷徑。我必須為自己的行為負責，這點無庸置疑。想回歸操作員最快的途徑便是以專業的態度執行這項工作，我就是這麼做的。

與大多數不愉快的事情一樣，期望遠遠不及現實。首先，每位阿富汗特種兵至少都是真正的士兵，訓練有素富有技巧，也真切渴望上戰場。然而整體阿富汗軍隊並非如此。對整件事情採取精英主義或高人一等的態度都很容易，但這樣無濟於事。我的海軍生涯之所以能夠走到這一步，就是不斷地告訴自己：「做你該死的工作就對了。」

儘管做了也沒用。

就這樣不痛不癢的過了一兩個月，很快地，我重回中隊，開始在位於阿富汗東部的洛加爾省的尚克前進作戰基地進行部署。跟隊友重聚的感覺真好，外出工作、擊倒壞蛋、做我之所以接受訓練的目的。倘若海神之矛行動後有什麼沮喪失望，那我真沒有注意到。我是說，交戰規則依舊不斷改變且諸多限制，但戰場上士兵的專業和熱情並沒有明顯下降。我仍然熱愛這份工作，也很感激能獲得第二次機會。相對於身為馴犬師，我相當喜歡身為突擊兵所擁有的自由。

若我需要「開羅維修」，也不需要跑太遠。牠同樣也在洛加爾省部署，作為隨時待命替補的狗，立即可履行短期或長期的職責。我一週會去探望牠和安傑洛一次，開羅依舊是那麼熱情又活潑。我覺得牠也很想我，但我們都有任務在身，而這些任務目前沒有重疊。

六月中旬，我們接獲消息有高價值目標躲藏在一座沙漠中的院落。這沒什麼好奇怪的，在許多方面都跟其他一百次……或者一千次的工作內容相同。同樣的午後簡報，同樣的深夜直升機，同樣降落在茫茫荒野中，同樣步行接近目標。

院落映入眼簾時，包含支援人員，我們差不多有三十人步行於沙漠中。當晚對講機通話的次數高於以往，包括有對話指出敵軍已經知道了我們的行蹤。有時他們會確切地稱這類消息是偏移手法，讓我們以為他們做了萬全準備，但實際上根本不是這回事。這並不礙事；我們不會因為壞蛋知道我們的行動就撤退。我們或許會稍稍改變戰術，但這嚇不了我們的。有時我們也會放出假消息以誤導對手。

我們步行了幾公里才看見院落。這院落很小，內部只有兩棟中等大小的兩層樓高建築，幾乎是標準的阿富汗沙漠配置。我們以地形為掩護，沿著一條幾乎難以辨識的蠻荒小徑走到了差不多院落的一百公尺之外。我們這隊在淺溝裡等候指令。我們如過去一般謹慎有耐心。一到動身時間，隊員們便不顧一切地全力以赴。幾分鐘後，隊長命令我和另一位隊員，湯米，前往第二棟建築。

「起司，我要你們在屋頂上維護安全，了解嗎？」

「沒問題。」

我們衝向建築就定位，接著開始緩慢往上爬。突然間我們的頭頂上傳來槍響。是自動步槍的爆裂聲。

砰！砰！砰！

我聽出槍響應該是來自二樓處的窗邊。有人看到我們接近了。剎那間，距離我幾公尺遠的湯米在較佳的角度位置開火反擊。我緊貼外牆，不管怎樣都不會拋下他，這是標準作戰禮儀。他一收手，我立刻衝向附近區域取得較佳視野。另一名操作員科特以及拆彈專家理察非常快速地加入我。我們三人在原地呈扇狀隊形停留一分鐘，彼此之間大約距離十到十五尺。我舉著步槍瞄準窗口，等著某人突然現身，就算轉瞬即逝也絕不放過。

「來啊，蠢貨……快現身啊。」

下一個傳入我耳裡的聲響是玻璃的破裂聲。像是一扇窗戶以一種非常特別的方式被打碎。有人的子彈射穿了窗戶，玻璃徹底粉碎。這聽起來更像是有人拿石頭砸向窗子。我立刻知道怎麼回事，因為我有聽過這種聲響。四周短暫陷入一片黑暗之時，有個念頭竄過我的腦海。

手榴彈！

不知道過了多久——可能不到十秒或十五秒。我的下背部突然一陣劇痛，彷彿有人用棒球棍痛打我，下一秒我短暫失去意識，緊接著是腦震盪。我所知道的下一件事是，我手握步槍跪在地上，環顧現場有無遭受破壞。我抬頭看往窗外，但什麼也沒有。嘗試移動身體時，下背部的疼痛強烈襲來。我可以聽到理察在哀嚎，視力恢復清晰後，我看見他的樣子簡直慘不忍睹，被炸到幾公尺之外，制服已經焦黑。我環顧四周，看到科特似乎安然無恙，但也不敢確定。

印象中，我起身勉強繞了幾圈，對著手榴彈穿過的同個窗口開了幾槍。但剛被轟炸過的記憶不太可靠。幾天後我看了畫面呈顆粒狀的無人機監視攝影機影片，我看到一個人被手榴彈擊中後的模樣：站得筆挺，但毫無反應。我的槍垂在身側，它仍然在我的手中，但毫無用處。

我可以肯定的只有這麼多：爆炸後的現場一片狼籍。我蹣跚走到外頭開始尋找……嗯，我也不確定自己在找什麼。進入突擊模式後院落裡及建築物屋頂滿是我們的士兵。我搖搖晃晃地走到戶外的途中聽見槍響，我記得自己當時心想：**老兄，你在這裡毫無保護。你到底是在幹嘛？**

好問題。我沒有答案。

最終，我朝負責外圍安全的成員們走去。

「你還好嗎，起司？」其中一人問。

「呃……不確定。我好像被擊中了。」

一名海軍醫務兵立刻出現，將我壓倒在地並脫掉我的制服檢查傷口。這人值得敬畏，他叫安東尼，是一名還沒通過部隊訓練但總是把這件事掛在嘴上的海豹。幾年後他終於有機會了。悲慘的是，他在自己練習某一項水下測驗時溺斃身亡。

安東尼是一位非常傑出的海軍醫務兵，高壓之下仍能夠極其冷靜且專注。不管你是誰，是平民百姓還是海豹，你被槍擊或是被炸傷時，都會感到一股排山倒海的暈眩，疼痛就更不用說了。我不知道自己怎麼了，也不確定自己是否想知道。

「脫掉褲子！」安東尼冷靜地指示。

「啊？」

他將我壓在地上。

「跪著，快！」

我聽從指令，覺得這樣在開放空間裸露屁股實在有點傻，但他是醫務兵，我完全信任他。我感覺到他的雙手正檢查我的下背部和臀部，兩處都非常痠痛。

「你的屁股裡有炸彈碎片，起司，但不要緊。沒有動脈出血之類的情況。你需要治療一下，但會活下來的。」

安東尼替我清理傷口，將紗布塞進洞口時，我覺得臉上和嘴裡好像有什麼東西在流動，金屬味說明了一切。

「嘿，夥伴，」我說。「我這一頭好像也在流血。」

安東尼迅速從尾端移動到頭部。我有點被自己臉上的血嚇到了，因為我知道自己腦震盪——我耳鳴，頭部劇痛，也覺得頭上可能有個大傷口。這是我第一次在戰鬥中受傷，他們說得沒錯：這完全是種精神強暴。

「沒錯，這裡也有些碎片，」安東尼說，語氣溫和到像是在談論蜜蜂螫傷。「我先幫你清理一下，沒事的。」

我開始感到頭昏腦脹，很擔心在任務途中死掉，幸好結果顯示任務基本上算是結束了。事後發現科特身上也留有手榴彈碎片，所以說有三個人進去屋內前就倒下了。當時我們遭遇的反抗如此激烈，壞人開始朝我們亂扔手榴彈，有些還真的很準，我們被迫改變計畫。這種情況下，意味著需要召來一架直升機負責撤離傷兵，另一架負責轟炸建築。

「全員趴下，」移動到安全範圍之後我聽見其中一位隊長這麼說。「我們要用地獄火飛彈夷平這裡。」

我記得當時看到一架裝載了 AGM-114 導彈（地獄火飛彈）的阿帕契直升機飛過頭頂時忍不住想：**去他的，我才不要趴下。我已經趴一整晚了**。我站起身，蹲下，背部和腦袋疼痛不已，聽到了遠處傳來的爆破聲。

我們的第一站是洛加爾。醫生和護士迅速將我們分開，斷定我的傷勢最不需要即刻處理（確實），然後將另外兩個人先推走。理察的腿、背部和炸彈碎片旁的部分都被燒得焦黑，整個人似乎暈過去了。科特的胸膛有個小洞，看起來很不妙但事實上很容易處理。然而，通常情況下最嚴重的傷害並不會立即顯現。對我而言也是如此。我躺在輪床上被推入醫用帳篷，衣服被脫掉後做了一輪全面檢查。我的屁股、下背部、腿部、手臂和臉上都有炸彈碎片。他們說我沒有大礙，哄我睡著後著手替我清理傷口。

看到且親身經歷了一顆從近距離窗戶內飛過來的手榴彈竟然如此有殺傷力，著實令人震驚。幾秒之內它就擊垮了地球上最精英部隊的其中三名成員。單一顆手榴彈是種超高效小道具，爆炸那刻熾熱的金屬朝四面八方噴射而出。連最微小的碎片都能燒穿衣物和覆蓋身體的護具，並深深陷進受害者的細胞中，且沒有辦法能夠完全清除。我仍處於麻醉狀態時醫生盡可能清除碎片，但比較小的仍留在體內，他們很清楚之後幾個月我會在洗澡或上廁所的時候像擠粉刺一樣把它們擠出。最後，我的身體會排出所有外來物質；所有殘留物應該都是無害的。

接下來幾天，理察和我被送往德國一間較大的基地醫院做更進一步的檢查和等待康復。科特復原較快，得以繼續執勤，但沒過多久他就產生了併發症，部署生涯宣告結束。

那時醫院關照的是基本的傷口照護，將所有傷口處理好清乾淨，避免感染，然後回去工作。我有十幾處或更多傷口；最微小的像是蟲子咬；最大的在臀部表面，跟二十五分硬幣一樣大的開口又深又痛。我將近兩個禮拜都是趴著，讓液體注入體內以確保毒素是往正確的方向流動。若這聽起來很糟，嗯，其實還好。醫護人員細心且富有同情心；他們相當讚賞我們的付出，也希望讓我們獲得最好的照護。我確實很難受，但止痛藥有效，我也和受傷的同伴們相互安慰、講愚蠢的笑話，並一起外出，一起想著不久後回歸執勤。

我們錯了。

對我們三人來說，那顆手榴彈是部署結束的信號，也是與康復和回歸正常生活長期抗戰的開始。我完全不知道現在是什麼情況。當你聽到**碎片**這個字眼，你不會明白它的含義——數週乃或數個月都像個老頭子一樣拖著腳步來回走動，身上接著吸出液體避免感染的管線和儀器；藥物；所有事情都不對勁的煩心感，就算你的傷口正逐漸癒合也一樣。

在德國，我被轉移至位於馬里蘭州貝塞斯達的沃爾特・里德國家軍事醫療中心。這是個非常棒的地方，有最優秀的醫生、護士、技術員和復健人員。我在沃爾特・里德沒有遇到任何一位不是百分之百投入於工作的人，這些人更是尊敬和讚賞所有於戰役第一線受傷的士兵。我的下一站是維吉尼亞的醫院，整體沒這麼吸引人，但有一位傑出的護士幫助我了解每一刻發生的事情，且大多時候都和藹可親又富有同情心，這讓在這裡的經驗變得不那麼難以忍受，當你超過一個多月都在努力從戰爭的傷痛中康復時，這真的是一件非常重要的事。

最後我回家了。海軍將我父親載來陪伴我一段時間，這幫了大忙，因為還有很多事情我無法獨自完成，比如說無法確認傷口是否完全乾淨。每天持之以恆地復健，我的狀況有了改善。我輕鬆地戒了止痛藥。考慮到本來就存在的酒精問題，我本來有點擔心戒斷過程，但還好一切都很順利，不久後我便開始覺得似乎已恢復成了過去的自己。當時我二十八歲，心想至少還有幾年可以好好當個操作員。

我錯了。

第二十二章

從生理狀況的角度看來，就在我開始覺得恢復強壯和健康時，幾個月後偏頭痛找上了我。到底發生了什麼事，又或為何發生，我毫無頭緒。傷口幾乎已經痊癒，背部和臀部的痠痛也已消退，我已經準備要再次鍛鍊，但突如其來的頭痛卻是我從未經歷過的。

偏頭痛是另一個被嚴重忽視的疾病，僅被視為某種不適，其被重視的程度完全與那些足以衝擊靈魂的經歷相反。這點，我覺得是因為很多人偶爾都會嚴重頭痛，並將之當作「偏頭痛」。過去我可能也是如此，也可能沒有。我不太記得了。我只知道自己二〇一二年秋天開始經歷的頭痛超乎尋常地劇烈難熬，一天當中的任何時刻它都會毫無預兆地出現，通常是以頸背的痠痛為開端再無情地向上蔓延，爬過我的後顱骨朝額葉伸出魔爪，直至我的整顆頭彷彿被老虎鉗緊緊掐住。

我無法思考。

我目不視物。

我所能做的僅是縮回沙發上或房裡，有時中途在浴室裡嘔吐，然後睡掉一整天。這就像是世界上最慘烈的宿醉，但你什麼都沒做卻受到這麼嚴厲的懲罰。

剛開始，偏頭痛斷斷續續隨機出現，差不多一兩個禮拜一次。接著它們造訪的頻率提高：一週兩次，一週三次……一週四次甚至五次。好樣的，在這段漫長又呵欠連連的日子裡，我幾乎什麼都做不了。其他時候雖然不是太好，但還過得去。不久後我開始執行對體力要求不高的工作，擔任訓練部隊的教官。理論上來講，這讓我有多些時間出席塞滿我行程表的醫生門診。但就連教官的工作我都常常應付不來，特別是有訓練旅程的時候。我很幸運有很棒的上級，我們認識很久了，而他知道事情非常不對勁。媽呀，我一直是中隊裡最可靠的成員之一。我不是什麼巨星之類的，但也不是愛發牢騷或懶惰之人。我沒有抱怨，沒有被攻擊或生病或受傷。我只是堅持不懈地做事，日復一日。

現在呢？我整個人一團糟。

有幾天當我蹣跚行走的時候，會閉上一隻眼睛好抵禦陽光，努力要做好工作，這時我的上級看我的神情就好像我快死了。

「回家吧，起司。照顧好自己。」

「很抱歉，長官。我不知道哪裡不對勁。」

他點點頭，滿懷同情地送我返程。之後的日子，每當迷你鐵匠在我顱骨內敲敲打打時，我總將自己蜷縮成一顆球。

偏頭痛很難被適當診斷和醫治，它的觸發原因百百種，生理與心理因素皆有可能。起初我確信我的頭痛主要是阿富汗手榴彈爆破遲來的後果。搞不好真的是。但我也明白創傷後壓力的威力，它足以毀滅你的身心，更會在你試圖將所有一切深埋在觸碰不到的地方時帶來危險，而最終一切都將再次不受控地浮出表面。這是一個惡性循環：壓力和情緒動盪會導致生理方面的症狀，比如頭痛。頭痛可以是長期的，而長期的痛楚會惡化成重度的憂鬱。在你找到辦法與生活中所有爛事共處前，它時刻都在。創傷性腦部損傷更帶來了另一種層面的併發症。的確，某些案例中這種併發症是深層的，這讓這個情況雪上加霜。

一名授予表彰的海豹不應該承受這種憂鬱，因為心理方面的問題等於是懦弱的象徵，不是嗎？但這根本是無稽之談。事實是，我不是唯一一個飽受掙扎的人，可能是工作導致的壓力，或者是受傷後的自我用藥，也可能是為被診斷出的創傷性腦部損傷。以我的例子來看，我認為是多種因素共同導致，但我仍舊相信創傷性腦部損傷是最主要的原因。我做了多項研究，也和醫生與治療師合作，有多項證據足以證實此觀點，證實多年的服役，與數千次引發動盪的爆炸密切接觸，每一扇攻破的門，每一顆投擲的地獄火飛彈，在隱性腦震盪情況下執勤以及稍後得為此付出代價，這些會對腦部造成積累及退化性的傷害。若你有明顯的頭部損傷，產生症狀的機率會增加。我不知道自己有沒有慢性創傷性腦病變（CTE），我想大概要等到我死後驗屍時才會有人知道，但我相信我的頭腦肯定在手榴彈爆炸時產生了變化，這變化改變了我。

在人生的大部分時刻，我都表現出無憂無慮的樣子。實不相瞞，幾乎沒有事情能困擾我。現在我易怒。我沒有耐心。還有我的記憶力！我五秒後就忘了才剛得知的電話號碼。我忘記指示或錯過門診。本來熟悉的名字突然間變得模糊。我沒法完成最簡單的心智測驗。我可以想像八十歲正逐步受老人癡呆所苦的老年人經歷這些恐怖的事，但二十八歲？

我很困惑。我很生氣。

誠實地說：我很害怕。

這麼多爛事，我要麼正試著處理，要麼就是置之不理。就像導致我受傷的那次突襲成了一場公共關係的惡夢一樣。阿富汗政府宣稱我們轟炸的院落是婚禮會場，包括女人及孩童在內的平民百姓都死於那場突擊。我沒有參與突襲過後的清理，但確實和幾位參與其中的人討論過，他們都指出現場沒有女人和孩童的遺體。至於婚禮？這個嘛，當時是凌晨一點鐘。且誰會在婚禮時朝窗外扔手榴彈？

不管怎樣，有些指責我們接受；一位美國將軍寫了封正式的道歉信。我記得當初聽到這點時不禁納悶：**什麼？我們要為殺了一群壞人道歉？為何沒人來向我和我的夥伴們道歉？我們都被炸傷欸。**

我們都獲頒了紫心動章，這很好，但一枚紫心動章不是任何軍人為了某些明顯的原因而尋求的東西。我也自同樣一位美國將軍那裡收到嘉獎，以感謝我的付出。我發現這比任何事都要來得好笑，特別因為這信署名要給海軍士官切斯尼，而**士官**這個字已經被刮花了。你可以看出來原本那裡有這個字！所以說，這信其實是要給「無足輕重的[2]切斯尼」，實在挺搞笑的。我很肯定信上的簽名只是轉印章，代表經手的人肯定知道我是軍人，但跟海軍士官這個詞不太熟。這無疑是一次軍事失察。

2 譯註：海軍士官英文為 Petty Officer，petty 單一個字為形容詞，有「無足輕重」的意思。

當時我不覺得這是什麼大事，但事實上可能比我自己認知到的還要困擾我。搞不好這正是其中一個導致我整體身心健康下滑的原因。我只知道我的人生正失控地飛速旋轉。

還有一些可歸咎的事件，像是隊上我最好的朋友尼克・雀格的死亡。尼克就是在海神之矛行動前在我退出跳傘指導與負責人員課程時捉弄我的人，但我們的友誼遠勝於那種無惡意的一派胡言。我們一起經歷了BUD/S、被選入同一中隊、並肩執行無數場任務。尼克之於我就是最親近的兄弟。

他也是天賦異稟的戰士，高尚、勇敢又技能卓越。Extortion 17事件後尼克被轉派至另一中隊填補空缺。二〇一二年十二月八日，他是將一位美國醫生救出阿富汗東部一座守衛森嚴院落的秘密行動成員之一。身為打頭陣衝進人質所在單房小屋的人，尼克遭到塔利班守衛致命性地攻擊，但他的行動讓其他隊員得以順利完成任務，將美國人質安全帶回。

為了此英勇行為，尼克死後獲提拔為士官長階級，也獲頒海軍為表揚英勇行為的第二高獎項，海軍十字勳章。其中一位尼克的隊友，艾德・拜爾斯則獲頒榮譽勳章。

得知消息時我在維吉尼亞的家中。這感覺糟透了，卻也怪異地似曾相識。目前為止，我已經習慣聽到隊友陣亡的消息。我參與了夠多場喪禮也擁抱了夠多淚如雨下的雙親、妻子和女友。但這次不同。尼克不只是另一名海豹。他是我最棒的朋友。

二〇一三年春天之時我的狀態相當糟糕。除了頭痛和其他症狀，我的頭髮因尼克的過世再次脫落。距離我受傷已經過了將近一年，我也慢慢理解到自己已經歷了最後一次部署。雖然我持續在基地工作，主要擔任教官，但很多時間都是在為我仍舊存在的身心問題尋求診斷。坦白說，我不在乎診斷結果；我只是想要一些慰藉。然而，有時這些治療遠比我想減輕的疾病本身更加難受。

在阿富汗受傷後，我得到的照護與復健就是如此，我得到多位傑出又真誠的醫生、治療師和護士的幫助，同時我也見到了幾位漠不關心和感到厭煩的人。他們無法就我所經歷的事件達成共識。是生理嗎？心理？都是？我不能錯怪他們想測試一切方法是否有效的努力和意願。我從來就不是什麼新潮男子，但有些替代療法，像是針灸、冥想、抒壓呼吸法，似乎有些暫時但顯著的療癒效果。

大多數藥物療法一點效用也沒有。嘿，我的狀況很複雜，我並不是想指摘醫學無效或是幫不上忙，很多人都有類似的許多症狀。但對我而言，無盡的藥物使人氣餒、疲憊、衰弱。我試過了所有你能想得到的偏頭痛藥物。有些有效，至少是短暫有效。但大多數則相反。它們都有強烈的副作用。有些害我睡得不省人事；有些讓我顫抖、焦慮或腸胃不適。事實上它們全部都會引發腦霧，使人喪失思考能力。這真是爛透了。但我猜對許多人來說，這確實能擊退痛不欲生的偏頭痛。

更糟的是那些用以緩解創傷後壓力症候群（PTSD）的藥物：用以緩解焦慮、憂鬱和情緒化。我**恨死**那些藥了！它們徹底讓我覺得自己變成另一個人。沒有更好，沒有更快樂，痛苦也沒有比較少。只是……不一樣了。

我絕不會說自己受到某種形式的錯誤治療。值得讚許的是，每間醫院和治療方法都是以跨科學的角度應對我的病情；他們從不認為這些症狀是我在「胡思亂想」（就算他們真這麼認為，你懂我的意思）。他們已盡一切所能，只不過效果有限。

你知道什麼辦法有效嗎？去犬舍和開羅玩。我知道這聽起來有點瘋癲，但結果可騙不了人。當時開羅八歲，雖然偶爾會有一個腳步沒踩穩（或兩步），但仍舊是犬隻項目中最聰明和最可靠的狗。有些狗會失去興致或性情大變，或者邁入老年或受傷的影響令牠們痛苦掙扎，以至於再也無法工作。雖然保家衛國了超過五年且差點於執勤時殉難，但開羅完全沒有上述困擾。在此生命階段，牠只需要少許的保養就能跟上訓練。牠經驗豐富、見多識廣，將牠放進任何場景中都會換來最棒的成果。

基於此原因，開羅的退休一再被駁回。但這也不是唯一的原因。我聽多個人說過開羅被禁止離開基地是因為牠身為海神之矛行動一員的名氣。現在，一方面看來，我似乎能理解這點。海軍特種部隊是高度機密組織；身為海豹一員必須遵守緘默和無私的準則。賓・拉登任務是海軍特種部隊史上最萬眾矚目的行動，而大家最不願見到的就是開羅被當成什麼壯觀景象誇耀示眾——你懂的，上談話節目之類的玩意。

雖然如此……但誰在乎？顯然開羅並不會透露任何有關任務的資訊啊。

我想海軍擔心的是開羅會引來太多關注，這將換來有關任務和整體組織的疑問，而非讓整起事件與團隊退回至陰影中，最終留存於歷史上正確的位置。應付這點最簡單的方式就是只要開羅還辦得到，就讓牠繼續工作，然後在犬舍度過餘生，這聽起來其實也沒那麼嚇人。身為犬舍中備受尊敬的前輩，牠將不再需要如年輕的狗狗們一樣承擔繁重的任務，但仍獲得良好照料。牠是如此和善，就連不是馴犬師的人都喜歡和牠待在一起，因此牠永遠不會缺乏陪伴。

然而，我還是忍不住覺得牠值得更好的生活——和老爸一起閒在家，一週吃幾次牛排、在院子或海邊盡情奔跑、看電視、想睡在哪就睡在哪的這些機會。開羅盡忠職守為國效力，牠拯救了我和其他人的性命。我不知道牠還有多少年——瑪利諾犬的壽命大多落在十二到十五年之間，但開羅顯然比普通的狗承受了更多壓力。不論如何，唯有讓牠度過快樂放鬆的晚年才是正解。贏得幾場重要賽事的良種馬獲得了多年的獎勵，就算沒有幾十年，也有性生活、食物和睡眠。真是不賴的退休生活。開羅是海豹歷史上最重要任務的關鍵功臣。難道不配得到……某些獎賞嗎？

我能感覺牠需要我，我也絕對需要牠。日漸明顯的事實是，我們都再也不會踏上戰場了，我發現自己比往常更受開羅吸引。我一週都去犬舍兩三次，有時還天天去，就只為了帶些點心過去、跟牠講講話、抓抓牠的肚子和玩拋接遊戲。有時我會帶牠回辦公室，讓牠可以跟我一起在外頭走走。嚴格說來牠並不是我的狗，牠仍是備用犬，有資格工作。但大多時間牠都僅是在犬舍裡消磨時間或做些輕量訓練，沒有人對我的經常來訪表示意見。最終，我們都知道牠會跟我回家，只是時間早晚罷了。我是這麼盼望的。這時我也只好退而求其次只擁有探視權。晚上我不會帶牠回家，但有時我會接牠一起去海邊，那裡有空間讓牠奔跑玩耍。牠似乎很喜歡。我也是。

雖然我仍舊陷於藥物治療、進出醫院、偏頭痛和憂鬱之中，同時也要顧好身為教官的職責；但和開羅相處的時光被證明勝過所有一切的療法，牠之於我的意義難以言喻。我家裡有隻和善討喜的杜賓犬名為史特林，而我正在著手領養另一隻瑪利諾犬。但開羅與眾不同，我們共度了一段特別的時光；就跟其他馴犬師一樣，我不認為牠只是一條狗。有時在家裡我會一一翻看老隊友們的收藏品和照片，有些人已不在世上了，我每每總忍不住哭泣。這不是我。我從來不會這樣。我回想起BUD/S，我是如何不被任何事煩心。我是那個在其他人哭泣退出時，仍舊能瘋狂大笑的人。

現在呢？

退出海軍的人做著自己的工作，養家活口、念書、創業、瘋狂身兼多職，而我連身體正常運作都有問題。我會看著某些人、我們朋友們，忍不住想：**那人是我。我們是一樣的。為什麼我無法振作？**

事情非常不對勁……但我說不清楚是怎麼一回事。

不過開羅幫了大忙。有時大哭一陣、恐慌發作或偏頭痛後，我會去犬舍看看牠，立即能夠換來平靜感。開羅似乎也是如此。

「耶，夥伴。老爸來了。我會帶你回家的，我保證。耐心等等。」

不論是誰卸下了操作員身分，改而從事海軍特種部隊內的另一職位，都會自然而然地與隊友們斷了聯繫。生活會繼續前進，他們是這麼說的。我在維吉尼亞擔任教官，在一間間醫生辦公室之間奔波，同時間我的大多數隊友們仍反覆受訓參與部署，我很想他們，也很想念過去的工作，但卻無能為力。飽受長期偏頭痛之苦的我沒法部署；我可能會害別人被殺掉。

生活也不是一味地糟到底，主要得歸功於一位叫做娜塔莉．凱利的年輕女子。她是鎮上咖啡廳的服務生，友善、漂亮、笑口常開且儀態毫無戒備。我對她一見鍾情，但面對女人我不算是積極有自信的人，所以一開始事情發展得很慢。當時娜塔莉的室友和我其中一個朋友約會，所以我們逐漸熟識，再加上人們應該有替我說些好話，因為娜塔莉對於和海軍人員約會有點卻步。她從奧蘭多搬到維吉尼亞，從朋友和住在這裡一段時間的熟人那裡聽到了不少故事。但我算幸運吧，她覺得我害羞的樣子很可愛而非很怪異，接著便開始慢慢願意接近我。

「嘿，威爾。改天要不要一起出去？」

「妳是說，像是約會之類的？」

她笑了。

「對……或是類似的事情。」

我聳聳肩，笑著說：「當然。太棒了。」

娜塔莉在我深陷低谷時出現，且沒有跑開。相反地，她成了我的伴侶；我們一起探索了心理健康照護和復健的湍急洪流，最終自海軍醫療退休。她理解我和開羅相依相伴的關係（就算她不知道牠的背景也不知道牠有參與賓．拉登擒獲任務：只知道那是我的狗），不只也愛上開羅還協助我帶牠回家。我和娜塔莉剛在一起時共度了一段有好有壞的時光。而她為了我堅持下來。

二〇一三年晚秋，我獲知開羅即將退休的消息。這似乎太晚了點。牠服役夠長時間了。這時開羅八歲半，最近幾次部署時間都被縮短，因為牠患了使之衰弱的牙周病。世上沒有完美的狗，開羅也一樣，牠基因上的弱點在工作了一段時間後才顯現，那就是牙口不好。退休時牠有七顆原來的牙齒已經掉落或斷裂，且牠長年飽受口臭之苦——或者應該說，受苦的是牠身邊的人。

附帶說明；長久以來有謠言說戰鬥突擊犬有時會被安裝鈦金屬假牙，可替補或是預防牙齒掉落。事實則是，任何牙冠或植牙都遠比原本的牙齒脆弱，效果也大打折扣，因此拔掉狗狗完美健康的牙齒再安裝上護套的說法純屬無稽之談，就算這確實能讓狗狗看起來更厲害也一樣。至於將壞掉的牙齒替換成鈦金屬假牙，我聽說有用在一些狗身上，但我們隊上的狗都沒有。開羅肯定沒有。

牠退役時有幾顆牙齒已經壞掉，也有一些掉落了。

與其等待軍隊辦公室慢條斯理的前置作業，不如直接表明我還是想在開羅退休後馬上帶牠回家。

「牠是我的狗，」我解釋。「一直都是。牠屬於我。」

我沒有想過會有任何反對意見。現在我常駐於維吉尼亞且不再參與部署，有什麼合理的理由拒絕我的要求嗎？考量到牠的名氣和聲望，開羅可能還是被禁止離開犬舍，但聽說機率不高。事實上海軍很希望開羅有個不錯的家。還有哪裡比我家更好？事實擺在眼前了……非常合理。

但我沒有立刻得到回覆。相反地，我持續探望開羅，頻率更高停留的時間也更長。我和牠相處越久，帶牠回家的渴望就越強烈。這是正確的事——對我們倆來說都是。我想就是得玩這種等待遊戲，事情終有結果的。

事情沒我想的這麼簡單。

一天下午我去犬舍，發現自己不是開羅粉絲後援會的唯一一人。

「你有些競爭者。」我被告知。

「這話什麼意思？」

「有幾個人也想領養牠。」

我沒有太認真看待這個消息。開羅是隻了不起的狗，可以看出牠對每個與牠一同部署的人都有強大的影響力，在犬舍也是如此。但我是開羅的第一位馴犬師，和牠共赴了兩次部署，也一同受訓多年。牠幾乎是犧牲了自我在保衛我的性命。牠在戰場上奄奄一息時，是我將牠抱在懷裡。我們有非常深厚的聯繫。

此刻我需要牠，牠也需要我。就是這麼簡單。

當然，事實上一點也不簡單。

我為成為開羅的永久照顧者正式提出申請。此程序與軍隊裡所有事情一樣，包括大量的文書作業。我遞交申請後就這麼坐著等待。一週接一週、一個月接著一個月過去了，我很沮喪。我仍舊患有慢性疼痛和偏頭痛，工作不開心且相當想念朋友們。我知道開羅可以緩解其中某些疼痛。我一週探望牠數次。不久後便開始有了瘋狂的想法。我坐在犬舍裡和開羅聊天，出來的工作人員……嗯，好像有點糊塗。

「你知道嗎，夥伴？我現在就把你帶離這裡。去他們的。我們逃去別的地方躲起來吧。就你和我。」

一開始這純粹是空想，但不久後就成了我腦海中根深柢固的念頭。我不只是在做白日夢。我有**計畫**。

不必明說，這對所有人來說都不是好事。對我、對海軍、對開羅都不是。而我從未做過這種舉動。但這就是當時我的情緒狀態所做出的指示。

遞交出申請表的幾個月後軍方終於有動作了。執行犬隻項目的人負責面試每一個申請領養開羅的人（我想有三個人）。面試不算嚴格，都是些基本的問題，確保開羅會在安全與適當環境中受照護。

Q：牠要睡哪？

A：和我睡。

Q：牠吃什麼？

A：通常是牛排，但其實看牠自己想吃什麼。

Q：你會和牠做些什麼？

A：這個嘛，什麼事情都做。看來我也沒有太多別的事。

Q：你為什麼想領養牠？

A：因為我愛牠。牠是我的狗。

還有一些別的問題，都很容易回答。他們選擇不進行居家探訪，但我想這本身也沒什麼意義，因為其中有些人是我朋友，之前就去過我家了。坦白說，我不知道他們會不會接受娜塔莉和我已經有另外兩隻狗了，希望那是個好兆頭。我有一些朋友在犬舍工作；大多都了解也喜歡我，但我確定討厭我的大有人在。在開羅的晚年替牠安排一個家不應該是個多人競賽，但我想生活就是這樣。只希望我能獲得足夠多人的選票。

面試進行了大概三十到四十五分鐘，而面試官是我視為朋友的人。但他完全沒有透露蛛絲馬跡。相反地，他禮貌又正式，這沒什麼，他是在工作。我尊敬他的立場，同時也覺得他願意助我一臂之力。結束後，我們起身握手。

「多久會做出決定？」我問。

他笑了下並搖搖頭。「你知道海軍的，威爾。事情總是進展很慢。」

我大笑。「我懂了。」

幾天過去了。一點消息也沒有。兩個禮拜。一個月。

我幾乎每天都去犬舍看開羅，親自餵牠吃東西陪牠玩。這時牠差不多九歲，雖然看起來一樣硬朗精瘦，但動作明顯慢一點了。牠不是那麼想要奔跑玩耍了。牠的心情看來不錯，只是比之前慵懶一些。我猜牠也感受到自己年紀大了。不意外。偶爾我會和犬舍裡的朋友聊天，問他們是否有聽說領養程序的消息。答案一成不變。

「還沒。抱歉。」

我試著不要讓自己成為討厭鬼，因為我不想因為自己嘮叨而對整個程序產生負面影響。再來，這裡是軍隊，所有事情的步調都堪比冰河移動。無論結果為何，都是我在犬舍朋友的上級（或上兩級）擁有決定權。我確定每個人都希望開羅獲得最好的，但常識和同理心沒辦法戰勝牽涉其中的政治因素，這樣的可能性使我夜晚輾轉難眠。幾年前，我剛入伍的時候，幾乎沒有事情影響得了我，所以才能夠通過 BUD/S。但不論我想不想承認，我變了，且不是變得更好。多次的部署、受傷、腦部創傷、偏頭痛、PTSD、憂鬱——種種都聯合起來打造一個比自 BUD/S 二四六班畢業的那個男孩更焦慮、壞脾氣也更不快樂的人。

我實在不願承認，但卻是不爭的事實。

沒有辦法能夠喚回過去的工作，但我希望生活能重回正軌。我想要找回我原本開朗的個性，而開羅是此行動不可或缺的一分子。

最後，二〇一四年四月的一個午後，我在工作時接到犬舍的朋友打來的電話，就是當初的面試官。

「嘿，起司……指令下來了。」

「開羅？」

他笑出聲。「沒錯，不然我幹嘛打給你？」

我花了幾秒鐘消化一下。我從來都不是最感性的那種人，但此時此刻，我握著話筒，幾乎無法呼吸。

「牠是我的？」

「十之八九是那樣。你只需要過來完成一些文件。」

「馬上到！」我說。接著我扔下辦公室的電話，抓起手機，發了則簡短的訊息給娜塔莉。我的手在胡亂打字時不停抖動。

牠要回家了！

我提早完成工作，衝到犬舍填寫必要的表格。毫不意外，非常多文書作業。在海軍，你得填滿一整本書才能申請一個新的釘書機。領養史上最有名的軍犬？嗯，得花些時間。

我不在乎。我儘快完成每一頁，簽署每份文件，承諾會做到一切要求（不交配、不丟棄、不將牠當成戰利品到處炫耀……還有十幾條我壓根沒想到的規定）。這其中最有趣的是替牠改名的協議。這沒問題，顯然海軍非常擔憂開羅的名聲會吸引大批民眾的關注，離開犬舍相關的文件都是以假名稱呼牠：卡洛斯。

我能體諒海軍針對這件事的敏感性，也很熟悉海豹部隊重視隱姓埋名的奉獻。儘管如此……開羅這名字早已聲名遠播了；牠見過總統欸，老天！改名實在顯得有點多此一舉。但我順應此事，只要能帶牠回家，任何事我都同意。事實是，我和弟兄們剛開始會叫牠卡洛斯或開羅，但沒幾個月後卡洛斯就消失了，我們只叫牠開羅。

文書作業一辦妥，我就從辦公室進入犬舍，開羅正安靜地待在籠子裡。一如往常，牠立刻起身搖尾巴。牠輕輕叫了聲：「汪！」這是牠打招呼的方式。開羅已經很習慣我的到訪了，所以牠很清楚整個過程。牠會被放出籠子和我一起玩，可能會去散個步或吃些東西。

牠鑽到我臂彎中時我席地而坐，接著扣上牽繩帶牠到停車場。這是我們最後一次踏出犬舍，我止不住笑意。

「你不用再住金屬箱子了。」

我拉開卡車車門，開羅跳上副駕駛座，心滿意足地蜷縮起來。我轉動鑰匙，在引擎轟隆作響時搔搔牠的耳後。

「下一站就到家了。」

開羅的頭輕推我的手，熱情地汪汪叫。

「晚餐吃牛排，」我說。「希望你不介意。」

第二十三章

我清楚記得開羅回家那天的情景。我們得向牠介紹我，因為我只在外頭見過牠，在家裡沒有過。再加上我們有另外兩條狗，我們希望能確保牠們處得來。但這顯然不是問題。開羅棒極了。牠只是四處逛逛，到處聞聞，探索每個地方。威爾提醒過我一些事情，比方說：「若牠咬著某個玩具，不要跟牠搶。」這很合理——牠是隻攻擊犬。但是開羅？我從未遇到這情況。從牠回家的那一刻起，我就感覺到自己完全無需操心。沒錯，牠外表是挺嚇人的，但牠實際上其實是隻大泰迪熊。我從未見過牠兇狠的樣子，連一開始都沒有。而威爾真的很高興牠回家了。我的意思是，好像整個世界都步上了正軌。我沒法想像若情況朝反方向發展的話結果會如何。這時威爾狀態還相當不好。他花了大把時間待在醫院和醫生辦公室，或是待在候診間裡。醫生給了他大量藥物以減緩憂鬱和嚴重的疼痛。我不認為他們只是虛應故事；而是盡一切所能幫助威爾，除此之外別無他法了。他們認為這樣能讓你好受些，於是開立了大量的藥物，但事實上並不會讓你變得比較好。至少威爾的案例是如此。所以他經歷了一段相當難受的時期，接著好事終於發生了——開羅回家了！這是天大的好事。老實說倘若開羅沒有退休，或者退休了但不是來我們家，我不知道事情會變得如何，但無疑會對威爾的心理狀態和正在承受的痛苦有害。

——娜塔莉・凱利

發現我並不是屋裡唯一一個深受PTSD所苦的人，這事令我深感震驚。

一開始跡象不明顯，比方說開羅不想獨處。頭一天晚上和後續幾天牠都很自在，因為我到哪都帶著牠。然後我開始注意到當我從廚房走到客廳時，開羅也會跟著。若我出門，牠就會站在門邊抓門板，在我讓牠出來前會不斷嗚咽或吠叫。一和我待在一起就恢復正常，會開心又滿足地四處走走。

但真正令人驚訝的事發生在回家後大約一個禮拜，當時一陣狂烈的春日風暴席捲而來。當我注意到開羅在喘氣時牠正在客廳，接著牠開始緊張地在裡頭來回踱步，舌頭懸在外面，口水直流。

「怎麼了？」我問。

開羅走向我，跳到沙發上。牠用頭抵著我的雙手且拒絕躺下。相反底，牠直挺挺站在沙發上一下子，一邊發抖一邊喘氣，隨後又跳回地上繼續踱步。

「牠怎麼了？」娜塔莉問。

「不知道。從來沒看過牠這樣。」

開羅走向其中一扇窗前緊盯戶外。然後牠走到門邊。我起身跟著牠，心想牠可能聽到後院裡傳來的某些聲音。我想不到會是什麼。這社區並沒有什麼野生動物，就算有土狼或是其他訪客，我所認識的開羅也不會大驚小怪。

不會害怕。

我看向窗外。午後的天空逐漸暗下，毫無疑問預示著壞天氣。突然間，遠方傳來一陣雷鳴。不是非常大聲且相當短暫。但不管怎樣都促使開羅即刻有了反應：牠躲到餐桌底下，縮成一團拚命發抖。

「該死，」我對娜塔莉說道。「牠怕雷聲。」

她替牠感到難過，但身為只和普通的狗相處過的人，她看不出來這很反常，因為大多數狗都不喜歡雷聲或其他巨響。

「牠一直都這樣嗎？」她天真地問。

我難以置信地搖頭。「呃……並不是。」

這有點太輕描淡寫了。過去的開羅是隻無所畏懼的狗，能在滿是壞人的漆黑屋子裡想也不想就衝過槍林彈雨。黑鷹或契努克直升機遇上亂流或被火箭推進手榴彈波及時牠也能冷靜地坐在機艙內。牠遭到近距離直射仍然沒有放棄戰鬥。手榴彈將牠四周震得天搖地動時牠也不會屈服。

任何事都無法擊垮牠。

任何事。

但我猜忍受了這麼多事後，總得付出代價。我碰到的那堆事情絲毫沒有嚇退我，直到我再也不需要面對那些為止；直到十年的訓練、戰鬥以及只為一個目標而生的旅途結束後回到家，生活在「正常」的世界為止；此時得要試圖在腦中持續不斷的雜亂聲響中找出一個全新的目的，更是得與費解的痛苦朝夕相處。

這堆爛事讓你吃不消。

我吃不消。而顯然開羅也受到影響。

「來這裡，孩子，」我說，將牠從桌底下哄出來。「沒事的。」

大多時候確實沒事。我們學會了如何與雷聲共處（畢竟，中大西洋州濱海區域總是雷鳴不斷）。雖然牠有自己的房間和床鋪，但牠最後老是爬上我們的床。若三更半夜睡覺時間時來了一場暴風雨，開羅就會尿床。我們得坐在一旁安撫牠直到暴風停歇，接著就得洗床鋪讓牠睡在別的地方。沒有任何辦法能夠矯正這些行為。

牠不是故意要如此無理或是找碴。牠只是被那些不會造成實質威脅的事物嚇壞了，過去這些完全嚇不倒牠。若這不是PTSD，那我還真不知道什麼才是。

帶開羅回家那天是我人生中最快樂的日子之一，希望牠也是，但我們倆都面臨了一個過渡期。如同許多近期退休的人，開羅感到無聊又坐立不安。牠花了些時間才在家裡感到完全的安全和自在。身為馴犬師，我是開羅的隊友，同時也是牠的主管。現在我是牠爸，就跟全天下所有爸爸一樣，我試著要在情感和紀律間取得平衡。開羅知道我愛牠，但也理解我們倆各自的角色，特別是在部署的時候。現在牠不需工作了，也和我一樣因為多年服役而承受著一些情緒和身體方面的衰退，我發現自己極度不願意嚴格待牠。

若你讓著牠們，所有狗狗都會利用這種優勢；越是聰明和心志堅定的動物，越是可能讓你突然陷入一場地盤之爭。

開羅待在家的頭幾個禮拜，我幾乎讓牠為所欲為。我很感激有牠在身邊，而牠也很開心不用再住在籠子裡。有一天下班回家的路上，我中途買了個鮪魚三明治。到家後，開羅無害地在屋子裡閒晃。我抱抱牠，將三明治放在客廳凳子上後便去廚房拿飲料。我不確定當時自己是怎麼想的。我猜自己已經習慣跟另外兩隻被訓練好沒有得到允許之前不准亂動食物的狗共同生活了。

總之，等我回到客廳，看到的是開羅兩腳握著三明治躺在地上，鼻子上沾滿了鮪魚和美乃滋。

「開羅，」我說。「好樣的，老兄。」

我沒有出言責備，畢竟這大多算是我的錯。我讓這該死的三明治離開視線之外，放在可輕易拿到的地方，開羅自然而然就動手了。牠過去生活在犬舍，如此單純的本性從未展露出來。再者，我正失望於午餐被牠偷走，我必須承認這真是個高超的偷竊行為。才不到幾分鐘，牠就有辦法撕開差不多兩尺長的塑膠包裝；大部分的狗都是整個吃掉，之後再吐出塑膠或是排便拉出來。開羅不是。牠還真的撕開了包裝紙。此外，牠不是狼吞虎嚥掉三明治，而是把夾層的鮪魚和起司舔出來。逮到現行犯時（或是事發之後才逮到），牠那頑皮的神情似乎是在對我說：「有什麼大不了的，老爸？我把最好的都留給你了。」

差不多一個月後，我們發展出了不錯的規律。開羅不再是工作犬了，因此不需要再做核心訓練。但事實上，牠是個工作狂，所以我不得不讓牠保持忙碌，並將過去一些較有趣好玩的事物融入到牠的新生活中。不再有槍火、爆炸、啃咬，但有更多時間玩拋接遊戲以及在海邊或開闊的草地奔跑。很可惜，接球幾分鐘後，之前牠稍微不穩的腳步現在變成了較明顯的跛行。這當然不意外。牠將近十歲且腿部裝有金屬片，此生已跑了數千公里。就算沒有受傷，開羅肯定也會有關節炎，就跟其他特種部隊老兵一樣。這份工作擊垮了大家。但牠仍維持強大的工作驅動力和奔跑的步伐。開羅從不放棄任何一次拋接遊戲。牠會戰勝所有痛楚，我得負責阻止牠別太拚命。

夏天大多數時光都很美好。開羅大多待在房子裡閒逛打發時間，不只有我和娜塔莉愛著牠，還有所有前來拜訪的人。期待開羅回家那時我買了一部配有邊車的 Ural Patrol 摩托車。我喜歡在天氣好時騎車，並想著跟開羅一起肯定很酷。結果，牠愛慘了！我們在鎮上到處騎車到處跑時習慣了路人一些驚異的注目禮，開羅坐邊車，頭戴安全帽和護目鏡，嘴巴大張著兜風。牠也很喜歡坐我的船。開羅不是特別喜歡水。我指的是牠不會游泳，不喜歡被雨淋濕。然而，基於某些原因，牠很享受搭我的船乘風破浪，我們也確實花了大把時間這麼做。

更少的飲食限制加上寬鬆的訓練計畫，開羅自然而然沒那麼精瘦了。也不是說我們把牠養胖了，但若你看過牠部署時最巔峰的樣子，就可以發現之間的差異。牠看起來不再是世界級的運動員，而是看起來很……健康，一副心滿意足的模樣。牠正過著悠閒的生活，這是牠應得的。

然而，美中不足的首先是牠的 PTSD。舉例來說，開羅有時會有分離焦慮，此情況以多種方式顯現。牠喜歡跟著我到處跑，這沒什麼大不了。更具挑戰性的是我們留牠單獨在家時有時會引發的災難。牠會從窗簾下手。每次我開車出門，都能看見牠的頭出現在某一扇窗前。有時牠只是坐著等待。其他時候呢，回家後我會發現窗簾已脫離橫桿且被咬成了碎片。雖然這行為實在很令人氣餒（且代價高昂），但我知道牠並沒有惡意。窗簾讓開羅有種被囚禁的感覺。我出門時，牠會想知道我在哪及何時回來。在牠心中。更好的視野能帶來一些答案。這單純只是缺乏安全感的問題，也讓我的一顆心下沉，因為開羅曾是一隻不受任何壓力侵擾的狗。

有一陣子我們出門時會將牠關在備用的房間，但顯然沒有效果。牠會毀了整間房。下一步，很不幸地，就是出門時將牠關進籠子，但沒幾天牠就學會逃脫了，就跟以前一樣。最後，我在籠子上安裝一片珀斯佩有機玻璃，如此幾乎足以防止牠逃脫。

幾乎……。

意思即是，有時牠逃出來了，有時失敗。

我猜你會說開羅贏得了戰爭，雖然並非每一場，但最終我們決定盡量別讓牠單獨在家才是上策。有時我帶牠去上班，雖然由於一些實際的考量這並不太合適；或者說帶攻擊犬到辦公室不是好主意。但大多時間我都在家。娜塔莉的工作時程和我不同，而我們盡可能縮短令開羅感到孤寂的時間。雖然不是非常成功，但我們已經盡量做到最好了。大多時候，我們走到哪，開羅就跟到哪。

我和開羅也不是整段退休生活都相處融洽。雖然牠可愛又雍容大度，但有時我們也會意見不合。不論退休與否，牠都是戰鬥突擊犬，我必須銘記這點，不只是開羅周圍有人時，還有每次我試圖讓牠擺脫壓抑的支配以及讓牠漠視規則與限制之時。開羅知道如何利用這些你賦予牠的小事；久而久之，這些自由就演變成了某種程度的侵略和無禮。牠從來不會有敵意或生氣，只是會較不情願聽話。我得為這一切負責，畢竟我是牠的馴犬師。我更知道，你不能就讓開羅這樣一條品種完美、訓練有素的戰鬥機器、狗界精英我行我素，就算老了，牠依舊不好對付。

開羅不願聽從指令這情況於我不在家時變本加厲。牠很喜歡娜塔莉，但不會每次都乖乖聽話。面對其他人也是如此。部分是源於每個人都自然而然受開羅吸引的事實，牠帥氣又友善，外表可說是雄偉氣昂。體型威嚴加上個性討喜讓牠可以做錯很多事但不會受懲罰。有時候，對於開羅（或是任何一隻工作犬），你必須給予的不只是簡單的口頭糾正。而大部分人都不願那麼對待開羅；老天，我也不願意。但有時候我得這麼做。要是牠不遵守指令，就會被關進籠子幾分鐘，這只是為了清楚傳達我的立場。

但最後我們都會和好如初。我愛開羅，牠也愛我。沒有事情能撼動這點。

有關開羅的事情，其中最令人震驚的是牠一下子就適應和另外幾隻狗在屋子裡共處。比利時瑪利諾犬是一種在其他狗面前會非常警戒的狗；一隻訓練有素的突擊犬可以非常具侵略性且具有很強的地域性，但開羅完全不會這樣。

從牠被帶回家的那一刻起，就和杜賓犬史特林，以及另一隻還是幼犬、相當容易激動又活力旺盛的母瑪利諾犬哈根和平相處；對開羅而言，牠真的是煩到不行，老是被迫要一起玩一些完全不感興趣的遊戲。這就像一個堅持和爺爺玩摔角遊戲的嬰兒，坦白說，開羅通常都興致缺缺，但從未拒絕。相反地，牠就躺在地上任由哈根胡作非為，一下子朝牠揮拳，一下跳到牠背上，甚至還掐住牠的脖子。剛開始幾次我會拉開哈根——表面上是為了牠好。之後我就不插手了；就讓牠們倆玩吧。有時開羅會專心打滾幾分鐘，但完全沒有對哈根展露出一絲攻擊性過。牠似乎知道這只不過是在玩遊戲。

有一次我們開車到佛羅里達拜訪娜塔莉的家人。他們有隻通常都很乖且友善的鬥牛犬，特別是和人類相處的時候，但牠不喜歡和別的狗分享玩具。某個時間點狗狗們在外頭玩耍時開羅想追趕一顆球。鬥牛犬不高興了，開羅追球，鬥牛犬在後。

事發時我在洗澡，但娜塔莉很快便告訴我這件事。顯然鬥牛犬咆哮著撲向開羅，朝開羅的腿部伸出利爪。不出幾秒，娜塔莉就預見了絕對是最糟的結果。開羅老了，似乎因為年齡和其他因素變得較為溫和。儘管如此，只要牠願意，隨時都能將鬥牛犬撕成碎片。任何一種狗都一樣。這有點像是電影《經典老爺車》（Gran Torino）的場景，那個暴躁的老混蛋華特．科瓦爾斯基（克林．伊斯威特飾演，當時差不多快八十歲了）在底特律一條廢棄的街道對付三個正騷擾一名年輕女子（華特的鄰居）的笨蛋。

「有沒有想過你們是如何在不對的時間點遇到某個不該遇到的人？」華特一邊說一邊踏出貨卡。「那就是我。」

令人吃驚的是，開羅幾乎沒有反擊。牠甩開鬥牛犬，扔下球後就悻悻然走掉了。牠沒有喊叫、咆哮或怒吼。感覺就像牠根本沒有留意，或單純不想反應。

嗯，浪費我的時間。

狗狗們退回到院子的另一頭，沒多久後又繼續做自己的事。我去到外頭時，娜塔莉跟我說了事發經過。我猜牠們倆運氣都不錯。然而，幾分鐘後我發現開羅走路一拐一拐的——跟我所知道的輕微跛行不一樣。

「來這邊，夥伴，」我邊說邊拍拍雙手。開羅慢慢走過來站在我面前。我雙手撫摸牠的腿，感覺到一片濕漉。果然，牠在流血。我撥開牠的毛看個究竟。傷口差不多五公分長，破裂程度與深度足以造成麻煩。

「我帶牠去看獸醫，」我說。「牠可能需要縫幾針。」

娜塔莉和她媽媽都為此感到抱歉，即便這並不是任何人的錯。真正值得注意的是開羅就算腿肉被削下了也沒什麼反應。說牠是因年紀的關係變得溫和太輕描淡寫了。牠現在有個柔和的靈魂——一隻充滿愛的狗，而非戰士。

開羅已完全退休，說實話我有點嫉妒。這時的我差不多來到了海軍職涯的終點。有些人很自然地就從操作員轉當教官或甚至指揮官。但我沒有，我加入海豹部隊是因為想要置身於最激烈的情境之中；我想在最嚴酷的狀態下測試自己。我是，至少曾經是一名戰士。若無法作戰了，那我的職業就宣告結束。我沒有興趣從事活動量較少的勤務。我絕對尊重BUD/S或訓練部隊的教官。他們是有點虐待狂和扭曲，但顯然是服役於海軍特種部隊的最關鍵位置。沒有他們，就沒有海豹。

我只是不特別想將接下來的十年花在那樣的角色之上。再說，我生理和心理都不適合這項工作。頭痛、背痛以及突如其來的嚴重焦慮發作如海浪般一波波襲來，種種都讓我變成一個更不可靠的人。開羅在身邊有助於改善情緒，但事實是，我已經失去了工作的熱情。該是往前進的時候了。不幸的是，脫離海軍，特別是特種部隊，並不是什麼容易的事。若你有二十年的工作經驗且身心理狀態都不錯，那麼就可以如願退休領取退休金。

當時我才三十歲，服役十二年。我將一切所有都奉獻給了國家和弟兄。但就跟開羅一樣，我成了損壞的物品。以我目前的狀態看來，我什麼都沒法提供。我只想好起來，找到餘生該做些什麼。為了如此，我必須申請自海軍醫療退休，這個程序的緩慢、複雜與令人失望的程度足以把你逼瘋。

我不是真的在抱怨所有和我共事的人。身兼操作員及教官，或說是坐辦公室的人，我很幸運和這些無與倫比的人一同服役，也認識了幾位大方極具天份的導師。我的身體狀況出問題時，也很幸運獲得了上級的支持與理解，他們都明白我正在痛苦中掙扎。每個人都想提供協助；只是沒有人確切知道該做些什麼。

這正是眾多退役老兵面臨的挑戰：如何應付慢性疼痛、憂鬱，以及疼痛所帶來那莫名又使人衰弱，以眾多英文縮寫表示的後果（創傷性腦部損傷，TBI；創傷後壓力症候群，PTSD；慢性創傷性腦病變，CTE）。不是沒有可行的協助；而是你不知道該抓住哪一條救命索。

對我來說，開羅回家似乎比任何當時我所經歷過的復健與治療更為有效。可惜的是，海軍強烈建議我針對濫用藥物進行治療，因此幾個月後我們又再次分離。和從前一樣，我的朋友、同事和上級長官長官非常擔心此事。而我又再一次地感到自己是如此不知感恩，漠視了他們明顯是出自於關愛與支持的擔憂。以一個實際的角度來看，我感到否認自己有問題及拒絕治療可能會對我申請醫療退休一事造成負面影響。關於這點，老實說，完全可以理解。

事實上，結束部署後我的飲酒量一直都在持續上升。我沒打算為此找藉口。軍隊裡很多人都是靠自我用藥來緩解慢性疼痛和PTSD的症狀。我也是其中之一。若我沒有尋求醫療退休，則不確定會不會有人正視我的問題，就算有，肯定也要一段時間後。不管如何，我再次被迫照鏡子，雖然我不認為自己是酒鬼或酒精上癮，我是根據不同情況酗酒，也是被慢性疼痛所驅使，但無法否認我有毛病。因此我再次到康復中心報到，這次不單單只是門診的項目。我在維吉尼亞的威廉斯堡花了三十天接受住院治療，身邊滿是精神科醫生、治療師和醫生，以及一大群因酒精或毒品成癮而毀了人生的病人。

雖然我很同情他們也理解他們的痛苦，但卻沒有感到一絲親切感。或許這正是重點所在：趕在繼續淪陷前尋求幫助。大多數病人花了多年對抗癮頭卻失敗，而相對他們我是新手，仍認為自己隨時可以停止酗酒。

「那為何不呢？」其中一位治療師不斷這麼問。

「好的，」我回答。「我會的。」

三十天後，我一身乾淨地出院。我還是覺得很糟，正努力康復中。我為了我自己，也為了足夠在乎我到願意告訴我我有問題的朋友們進行這一切。

以及，為了開羅。

第二十四章

狗狗很常嘔吐。任何養過狗的人，即便時間不長都知道這點。狗狗們亂七八糟，隨地大便、尿尿又吐，有時候甚至就在屋子裡。事實上，多年來我認識很多人放棄養狗，原因是他們不想處理這個交易附帶的景象和氣味。

我一直覺得這只是個小小代價。總之，不久後就習慣了。

就算只接受過一點點訓練，大多數的狗很快就能適應一個方便牠們大便尿尿的時間表。早上起床後，吃午餐後，散步時。清空系統。其實跟主人沒什麼兩樣。嘔吐不是該程序的一部分，但通常也不是什麼嚴重的事。狗狗老是吃些牠們不該吃的噁心玩意——垃圾、馬路上被撞死的動物、蘑菇、泥土，甚至是其他狗的排泄物。這些東西全都跟一小匙吐根糖漿一樣會導致嘔吐。但大多時候這都是單一個案，狗狗幾乎立刻就能復原。

開羅的成長過程與世隔絕，經過謹慎的訓練與小心的餵食（儘管偶爾吃牛排當晚餐）；面對食物牠從來不會太過渴求。簡單地說，牠是隻健康的狗。所以二〇一四年晚秋牠開始頻繁嘔吐時，我注意到了有事情不對勁。第一次發生時，我發現開羅在廚房，站在一小灘黃色的液體上。一開始我以為牠尿在地上，這已經夠奇怪了。但那灘液體太小了，且開羅的表情和神態反應出來的不是尷尬或惡作劇。

「怎麼了，小子？你還好嗎？」

更進一步查看後，我看出開羅吐出的是一些膽汁。我感到疑惑，因為這從來沒有發生過，但隨後我也沒有太在乎，只是清理乾淨後帶開羅去散個步。牠有點虛弱，之後需要小睡一下，但整體來說沒什麼大礙。當天晚上，牠又變回了過去那個和善快樂的自己。我想那應該是胃灼熱引起的（或者其他類似胃灼熱的毛病），之後便徹底忘了此事。

直到幾天後，事件重演。

再過一週，牠吃完晚餐不到一個小時就吐出來。

「事情不對勁，」我告訴娜塔莉。「這不像牠。」

因為開羅是隻整個職涯都與海豹們待在一起的退休軍犬，我想應該可以帶牠去給基地裡的獸醫檢查。他們很樂意協助，但草率的檢查顯示沒什麼大礙。

「牠老了，」醫生說。「這很正常，不用擔心。」

替開羅清理善後成了日常，雖然不是太頻繁，但確實成了一種慣例。大多時間牠看起來都沒什麼問題。可能稍微沒那麼有活力，但也沒有生病。

到了十二月，娜塔莉和我開始規劃假期旅行。我一直都想去位於紐約的九一一國家紀念博物館（又名九一一事件紀念館）看看，此時正好是個好時機。雖然我仍舊苦於偏頭痛和背痛，每天情緒變化都很大，但可以說已經有些改善了。我沒有在喝酒或吃精神科藥物，醫療退休申請也有些進展。我肯定不像是從前的自己，但我覺得……**好多了**。

我不敢說自己會受到九一一事件博物館影響多少。你可能以為特種部隊中的每個人遲早都會來到這裡，因為這博物館及它所代表的一切都與我們所投入的反恐行動密切相關。但事實不然。對我而言，似乎永遠沒有足夠的時間過來；還在海豹部隊時，所有假期我都用來遠離工作壓力。我不需要被提醒九一一帶來的驚駭和悲劇；我很清楚事發經過。我和它帶來的惡果朝夕相處。我全力奉獻，確保相同的事件不會再次上演。

但我不再需要部署，有大把時間需要填滿，於是乎開始感到一股折騰人的好奇心；或者說是義務。我和娜塔莉都沒去過紐約市，所以決定完成一些行程清單上的項目：不只參觀九一一事件紀念館，還要在時代廣場跨年，看水晶球落下並在午夜前一同倒數。為了讓事情更有趣些，我們決定帶開羅和哈根一起去，史特林則請朋友代為照顧（抱歉了，但帶著三隻狗到紐約我應付不來）。

十二月二十九日，我們開著娜塔莉的馬自達 CX-7 離開維吉尼亞。七小時的路程感覺起來像是十二小時，因為途中開羅吐了兩次。開羅去過世界各地：搭車、搭飛機、搭直升機，還有搭船，且很少會暈眩，因此牠突然且持續的噁心很令人擔憂，但也不致於太震驚。除了牠持續不斷的腸胃問題，旅行開始的前幾天，開羅的行為也有些反常。首先牠不想玩耍，想躺在屋子裡睡覺。更令人不安的是我發現牠在後院吃狗的排泄物。我不知道那是不是牠自己的，或者是史特林或哈根的。這不重要。我從開羅三歲就認識牠了，從未見過牠如此。一次都沒有。我實在太震驚了，甚至沒想到要朝著牠大吼。我只是走過去把牠拉開。

「你在幹嘛啊，孩子？那玩意會害你生病。」

確實會。開羅第一次嘔吐時我們正行經九十五號州際公路前往德拉威爾。好在身為熟練的狗主人和旅行者，我們總會在車子裡放幾條毛巾，所以當開羅開始發出咕嚕聲乾嘔時，娜塔莉即時抓起一條毛巾轉身接住開羅的嘔吐物。第二次是在紐澤西收費高速公路。和前一次一模一樣。我對娜塔莉很抱歉，但她沒有抱怨，只是相當擔心開羅。

就算過去十年我經歷了眾多冒險，對於橫跨喬治華盛頓大橋進入曼哈頓還是感到異常興奮。我見過大半個地球，但內心仍舊是個鄉村男孩，沒有地方像紐約這般讓一個鄉村男孩驚奇地睜大雙眼。這城市的廣闊無可比擬——人潮洶湧，摩天大樓、車子、巴士全擠在一方土地之上；令人驚異的奇觀。

聖誕節和新年之間的那週是紐約市一整年最繁忙的時刻，所以我們試著放鬆，不讓交通和人群帶來壓迫感。這都是體驗的一部分。去到旅館時（我們亂花錢訂了中央公園南的麗思卡爾頓酒店，所以可以輕鬆遛狗的同時還能相當靠近時代廣場），開羅已經昏昏欲睡，也因舟車勞頓而暈車不適。至於哈根，牠才一歲，在車內興奮地跳來跳去。

我和大型、雄偉的狗一同旅行的經驗足夠豐富，很清楚一到達一座新的城市時該遵循哪些規則，特別是在有代客泊車的飯店。很多飯店不接受狗，但因為開羅是退休軍犬，而哈根，嚴格來說是隻受訓中的工作犬，通常我們可以帶著牠們去到任何地方。然而，停在像曼哈頓中心麗思卡爾頓酒店這樣的地方，周遭數千個人來來去去，讓兩隻大型瑪利諾犬跳出車外顯然不太明智。

我開進泊車車道，停好馬自達後要娜塔莉和兩隻狗狗先在車上等，接著下車向泊車人員解釋情況。

「我們有兩隻大型犬，」我說。「牠們很友善也訓練有素，我們會繫好牽繩。飯店人員知道我們會來。」

泊車人員露出警惕的笑容，朝車窗內看過去。

「嗯……沒問題，先生。」

我們全部下車，辦理入住後上樓前往房間。走進大廳時有幾個人駐足猛瞧；事實上，大部分的人都盯著我們。在曼哈頓要引起人們的注意不容易，但開羅和哈根都是漂亮的狗，高大強壯又迷人。有些人靠過來問能不能湊近點看，甚至問能不能摸摸牠們。牠們倆都戴著嘴套，所以我們說沒問題。就算是明顯怕狗的人，或者說怕這兩隻狗，也都露出了驚奇的眼神。我猜，對他們來說，這就像是盯著動物園裡的獅子一樣；就算你的首要反應是恐懼和害怕，還是忍不住像欣賞標本一樣觀賞著眼前的動物。

飯店很漂亮，我們窗外的景觀也相當美。我們決定將牠們關進籠子裡留在房間，而非馬上帶牠們一起出去附近的街區散步。這有部分是我們要在開車開了一整天後活動一下，一方面也是要評估人群的數量，以及若帶其中一隻狗出門一段時間會遇到什麼樣的景況。

接下來幾天，我們幾乎到哪都帶著哈根。牠很好相處又和善，且相當喜歡和人群互動，特別是在公園的時候。牠是隻還沒被訓練啃咬和攻擊的小狗，因此在人群中得到了相當程度的信任。那次旅行牠只有帶來一場小意外，是在我們行經中央公園南時有人不小心踩到牠的腳。就跟所有狗一樣，哈根吃痛時會變得難以預測，但這起事件中，牠只是表達了輕微的驚訝。然而，我們學到了要對周遭一切更加敏感。紐約是座美麗又熱情洋溢的城市，但對帶著大型犬的旅行者來說也是個挑戰——或者說兩隻大型犬。

可惜地是，開羅沒有機會看到這些。頭幾天牠很不舒服，所以我們帶牠外出的時間只夠走到浴室。雖然牠第二天就不再嘔吐了，但還是沒什麼力氣也很反常。我們不想測試牠在不舒服時面對陌生人的性情，而牠似乎也滿高興待在飯店裡的。

十二月三十一日早晨，群眾開始大批湧現，帶開羅和哈根去時代廣場的念頭顯得很可笑。坦白說，我們倆本身對於去那裡也不怎麼興奮。那讓我感到幽閉恐懼症快要發作。我們換了間飯店，搬到位於中城高層房間可直接眺望時代廣場歡慶派對的萬怡酒店。我們外帶了晚餐，兩人兩狗擠在房裡特大雙人床上看著平面電視裡播放的歡宴。水晶球落下時，我們貼在窗前親眼觀看，倒數著二〇一四年的最後幾秒，邁向二〇一五。

真是個美妙的夜晚。

兩天後，一月二日，我們開車前往曼哈頓下城參觀九一一事件紀念館。我想帶開羅去；部分原因是這趟旅程之所以如此特別是因為若帶著開羅一起參觀肯定會很酷，不是因為我想炫耀牠之類的，只是單純想和牠共享這段經歷。我知道牠不會明白，但對我而言，開羅的存在能夠增強影響力。這似乎很……**合適**。

可惜，雖然開羅的狀況似乎已經好轉，牠能夠忍住不吐出食物了，但仍舊顯得無精打采興趣缺缺。牠不會構成問題，我們離開飯店房間後牠只會睡覺。但是我針對九一一事件紀念館做了些功課，那裡可能會很多人，讓開羅在身體不適的情況下去到人擠人的地方，對牠顯然不公平。

我們帶了哈根，牠的反應著實令人欣喜。有牠在身旁很棒，但開羅也在會更好。我無意冒犯哈根，但開羅就和我一樣，是九一一事件的產物。那日的那起悲劇，以及相關的反應，最終讓我們走到了一起。隨後的十年我們是夥伴，在巴基斯坦並肩作戰，最終將那個該為九一一暴行負責的男子、奪走了數千條無辜性命的那人緝拿槍決。

我需要參觀紀念館，親自體驗我所努力過的一切。而我希望開羅能和我一起。但牠最終沒有辦法加入。

雖然少了開羅，參觀紀念館仍舊是相當動人的經歷。我想對所有訪客都是如此，紀念館內瀰漫著莊嚴尊敬的氣氛，是我從未經歷過的。但我確定這是結合了與事件本身的情感聯繫，又或是隨著此事件而引發的覺醒。我無法想像若你在九一一當天失去了摯愛親屬，走進紀念館時會是什麼感受。對我來說，單單看到牆上的名字，想到其中一些人是如何死去就夠我難受了，他們被迫要在從九十層樓向外跳或是待在原地被活活燒死之間做出選擇。我想到了第一批救援者，他們趕到現場無私地犧牲自己的生命。

我也想到過去那些年離開的弟兄們，他們陸續死於九一一激起的無數且吃力不討好的戰事之中。

當時我疲憊到無法講話。我記得那時我想哭，但卻擠不出一滴淚。我記得當時站在專門展示海神之矛行動及殺死賓．拉登事件的展示櫃前，那融合了悲傷與驕傲的情緒是多麼深刻又難以言喻：櫃裡有逮到賓．拉登的那座院落的一塊磚；突擊那夜其中一名海豹穿的長袖迷彩服（主人的名字保密，但我知道那是羅伯特．歐尼爾的）。我記得當時我不發一語，緊緊握著娜塔莉的手。我記得自己很感激當時要求匿名，參觀時周圍的人都不知道我是誰。

以及，我記得自己蹲下給哈根一個擁抱，同時希望開羅能夠在牠身旁。

第二十五章

透過豐田坦途的擋風玻璃，我看到田納西州和阿肯色州連綿的山脈漸漸被奧克拉荷馬州和德州潘翰德爾的平原給取代。開羅一如往常坐在旁邊舒服的副駕駛座。多年來我們一起走過了許多地方，大多是待在卡車車廂裡，在那兒你可以放鬆身心，讓道路以自己的步調向前綿延開展。

我們的目的地是一座離科羅拉多大章克申不遠的小鎮，我最要好的朋友之一，傑克住在那。他是退役的海豹，我們認識了很久，也一起度過了BUD/S，我在那附近擔任保全實習生時傑克邀請我去作客。當時，很顯然我已經要脫離海軍了，極有可能是透過醫療退休的方式，但那程序龜速又使人氣餒，被一大堆文書作業、面試和治療所主宰。

這是一段極其令人失望的日子。我試著要從海軍的角度看待：醫療退休被核可前，所有復健和康復療程都必須竭力又累人地避免破壞此程序的慣例。但我知道我的職涯結束了。二〇一二年春天我受重傷。現在是二〇一五年二月底。幾乎已經過了三年，而康復的過程依舊一波三折，我經常行屍走肉，被頭痛、背痛、失去記憶及一波波洶湧而至的悲傷和憂鬱所困擾。在那些更加自私且自憐的時刻，我甚至不願承認，我很生氣。

我奉獻十二年給海軍。我以我的服務為傲，即使換來了一些後果，我也不會為了任何事情換走這些。拜託……讓我開始新的日子吧。

若海軍有稍稍展現一點憐憫或理解就好了，嗯，我曾與之合作的眾多海軍人員都不適用這句話。我有多位朋友及上級非常有耐心地助我度過糟糕的日子，也無所不用其極地協助我。但生活繼續著。大多最親近的朋友和隊友要麼是繼續身在訓練及部署這苦痛的循環，要麼就是退休了；還有其中幾位，當然，已經死了。

同時間，我深陷一種彷彿永遠沒有盡頭的等待中。

有些外部的機會提供了一些慰藉，比方說科羅拉多的實習，在此之外愛荷華州的實習也緊隨而來，這次包括了一個犬隻項目。這兩者都代表了在後軍事世界探索全新的機會，且我非常幸運有全心全意支持這項計畫的指導者。然而，還有開羅的問題。我會離開將近一個月，留娜塔莉單獨和三隻狗待在家讓我感到很抱歉。雖然開羅不再是從前的牠了，但紐約之旅回來後牠貌似有恢復，所以我決定帶著牠。

坦白講，我不知道還有什麼其他辦法。像我一樣，開羅有狀況好的時候，也有壞的時候。牠早上可以毫無問題地散步、玩拋接遊戲，但是到了下午，就會退回生病疲憊的狀態。提醒一下，不是每天，但頻率高到足以令人擔憂。我會按時帶牠去基地裡的獸醫那邊，但每次都得到相同的答案：牠老了，且經歷太多了。這無可辯駁也很合理。瑪利諾犬的壽命通常是十二年或更長，特別是先天基因優良、獲得良好照顧，以及運氣好的那些。顯然，開羅的品種無可挑剔，但卻忍受了極大的創傷和壓力。現在感受到那些影響很正常，這些症狀並不一定是在預示比老化更為嚴重的問題。

我不太確定，因此，我讓自己成了找麻煩的人，一個月帶開羅去看醫生好幾次，甚至是一個禮拜一次。問題不僅僅在於他們認為開羅沒有異狀，同時也因為牠不再是工作犬了。牠退休了，這代表牠已沒有資格享有海軍醫生無上限的免費照護。想想牠的履歷和牠為國為隊友身負的重傷，這似乎不太公平，但事實就是這樣。

「威爾，你得找位外頭的獸醫，」我被告知。「你不能一直帶牠來這裡。」

開羅相當能忍受跨州之旅。我們三天內從維吉尼亞去到科羅拉多，中途應該只吐了一次。但抵達目的地不久後開羅的狀況便開始走下坡。牠看起來比往常更加疲憊，不想和我朋友傑克互動，甚至對我的態度也有點模稜兩可。頭幾天牠只是睡覺。我以為牠可能只是不適應洛磯山脈的高海拔，但當牠開始嘔吐時，不是偶爾一次，而是一天一次甚至兩次，我更加擔心了。開羅似乎比去紐約之前更瘦也更不舒服。

「我很擔心牠，」我告訴傑克。「我想牠需要看醫生。」

傑克同意。「我來打電話。」

我很幸運。傑克也有養狗，且跟當地一位獸醫是朋友。牠解釋了症狀，醫生要我們立刻過去。

醫生替牠照了X光，結果顯示開羅的腹部和消化系統有些問題，但尚無定論。為了得出確切的結果，開羅需要開刀。這很恐怖，但無法避免。

「看起來事情很嚴重，」醫生說。「但沒動手術我沒法給你明確的答案。」

不論到底是什麼困擾著開羅，肯定都是嚴重的問題。得知開羅是退休工作犬後，醫生表明不收費。他不知道這就是鼎鼎大名的開羅，但仍堅持不收錢且全心全意執行所有程序及後續的門診。對他的感激難以言喻……像他這樣的人不多。

手術一完成，醫生馬上出來解釋結果。這很複雜，也不樂觀。開羅的身體腫脹到脾臟移位。實際上，脾臟已經翻過腹部，卡在胃壁和其他重要器官之間。狗狗發育不全的消化系統通常不會引發問題，但若系統故障了，結果會非常具毀滅性。有關開羅的病況描述令我相當不安；想到過去幾個月牠面臨一切時該有多不舒服令我非常愧疚。

幸運地是，開羅的手術非常順利。醫生說他會將所有器官移回到正確的位置。考量到牠的年紀和病史，也會盡可能提供牠良好的術後評估。醫生說，目前對牠最好的處置就是大量休息。

頭兩週，我和開羅一起睡在傑克的地下室。不需上班時，我就陪在牠身旁。傑克因工作需要離開城鎮一段時間，但他和他妻子以及小孩人都非常好，願意讓我繼續待著。開羅休養期間他們照顧著我們倆。雖然牠幾乎沒有胃口，經歷胃部手術後這很正常，但看起來還行。最後，為了我下一次實習，我將牠抱上卡車朝東邊愛荷華州的德梅因前進。在我享受工作的同時，內心其實沒有真正投入，腦袋也沒有。我很擔心開羅。牠是有好起來幾天，可能一個禮拜，但接著又惡化了。醫生提醒我要注意開羅身體中段的腫脹——那表示水腫，而牠的消化系統又再次出問題。一天早上，牠吐了，然後我雙手撫摸牠的肚子。

沒什麼異常。事實上，好像是另個部位腫脹。我感覺到牠的肋骨突出。

「怎麼回事？」開羅頭埋進我胸膛想要依偎時我問。

三月已接近尾聲，我打電話給娜塔莉告訴她不久後便打道回府。實習還沒結束，但開羅顯然狀況很不好，我想帶牠回家。

不到兩天後我們回到維吉尼亞，幾乎一天有十個小時在開車。開羅看起來是沒有特別痛苦，但也不像是從前我深愛了解的那位副駕駛。往南進入西維吉尼亞之前需行經六十四號州際公路維吉尼亞州段穿越伊利諾州、印第安納州及俄亥俄州，期間我不停看向開羅。我會搔搔牠的耳後、拍拍牠的頭。有時牠會抬頭看我、翻動身子像是要我多摸幾下；但大多時候牠都在睡覺。

我認為開羅待在自己家裡會比較好，牠會開始進食，接著自然而然恢復體力。結果不是這樣。回到家後，沒幾天牠就完全停止進食了。我們決定帶牠去看一位多年來享有盛名的獸醫。他是位很棒的醫生，過去也曾幫助過我們。然而抵達動物醫院後，一位接待人員告訴我們醫生一整天都將忙著動手術。

「你們介意找別位醫生嗎？」

我看向娜塔莉。她聳聳肩。還有別的選擇嗎？開羅顯然病得很重，牠的體重跌到二十五公斤，頭也抬不起來；牠的雙眼凹陷又空洞，而我們沒有預約。這是急診。

「當然，」我說。「沒問題。謝謝你替我們擠出時間。」

醫生非常友善，做了徹底的檢查，但最後表示最好的辦法就是替牠注射阻止嘔吐的止吐藥，然後回家好好養病。整整一個月來牠經歷了使之衰退的外科手術，當然會如此不適。恢復需要時間，她說。我們同意帶牠回家好好照顧，幾天後若沒有好轉再過來。但就在我們準備離開時，另一位剛做完手術的醫生走入候診間。

我們握手，稍微聊了幾分鐘，接著他蹲下替開羅檢查。他很久以前就認識開羅了，他的表情看起來相當擔憂。

「你知道的，」他說。「需要照些X光……然後要打點滴。」

這次的掃描結果顯示開羅的腹部問題相當嚴重，但還是一樣，除了動手術外沒有辦法知道確切問題。

大型侵入性手術。

再一次。

這似乎很殘忍。開羅還未自上一次的手術中恢復。我擔心牠不夠強壯應付這次。但除此之外還能怎麼辦？

「好，」我告訴醫生。「做我們必須做的。」

他也認為開羅太虛弱，沒法馬上應付手術。我的工作，他說，是要帶開羅回家幫助牠變強壯，不久後就能準備開刀了。

準備過程中，娜塔莉和我打碎開羅的食物，用注射器餵牠。我們給了牠靜脈注射和大量藥物，照顧牠、陪牠睡覺、告訴牠我們有多愛牠。有時候哈根和史特林想跟牠玩，但開羅沒那個興致；大多時候牠們都很體貼地讓牠獨處。幾天後，開羅有了小小的改善。牠仍舊不想自己吃東西，但藉由注射液體和強迫餵食，已經讓牠多了幾公斤了。手術那天早上我帶牠去醫院，牠的精神相當不錯。走往門口的路上牠的腳步甚至有點輕快。我記得當時替牠感到難過，因為牠完全不知道接下來要做什麼。同時間，我也緊緊抓住那一絲希望。

「我們會讓你好起來的，開羅。別擔心。」

我給牠一個擁抱，將牽繩交給前台三位年輕開朗的護士之一，接著頭也不回地離開。接下來的幾個小時，我盡一切所能試著不憂心忡忡地打發時間。這真的不可能。剛過中午，我就接到電話說手術順利完成，可以去接牠了。到醫院後醫生會跟我們說明一切。

娜塔莉和我跳上卡車全速開往動物醫院。帶出開羅後，牠還因為手術而相當虛弱，但整體看來還行。我很高興牠還活著。在檢查室等待時，醫生過來與我們詳談。我可以從他的神情看出來；嚴肅、關心——不會是好消息。除了從X光看出的病症，手術顯示開羅的胃壁「比正常情況厚了將近十倍」。醫生從胃壁和胃壁周圍取了組織切片。幾天後可得知化驗結果。

有趣的是，他一次也沒提到**癌症**這個詞，但從每個人的舉止看來：醫生、護士、甚至是接待員，我敢說病情的診斷會很糟。

「現在該做些什麼？」我問。

「跟之前一樣，」他說。「帶牠回家。餵牠，替牠打針、試著讓牠舒服些。」

他敦促我們要有信心，別直接預設任何結果，雖然我相當讚賞他嘗試這麼做，但卻沒有被說服。

開羅於二〇一五年三月三十一日回到家。我生日這天。牠狀況不佳，但確實還活著。

*或許吧，我心想，會好起來的。*畢竟這不是第一次了。開羅之前就生過病。牠被槍擊。牠不是普通的狗。牠能熬過任何事。

那晚我們慶祝了我的三十一歲生日，就我和娜塔莉，還有狗狗們。在家裡度過安靜的夜晚。我們盡可能讓開羅加入，但牠沒有參與派對的心情。其實所有人都沒有。那夜開羅睡在牠最愛的小床上，我睡在旁邊地板且試著確保牠有舒服些。每隔一小段時間牠就會翻來覆去哀嚎，但大多時候就是安靜睡覺。半夜，我聽到聲響，醒來看到開羅呈半蹲姿勢，雙腿不停顫抖。我即時移開頭部以免被腹瀉波及。

牠拉完後，痙攣還持續了幾分鐘。我把一隻手放在牠背上直到痙攣結束。最後，牠猛然倒地。

「我很抱歉，夥伴。」我只能這麼說。娜塔莉和我清理了房間，然後大家都回去繼續睡覺。

經過三天的病痛和混亂。開羅喪失了食欲，不論我們用注射管餵牠什麼或替牠注射什麼液體，都會立刻被吐出來。無止盡的噁心和腹瀉令人筋疲力盡。第三天時，有次牠吐得特別猛烈，吐出來的都不像是嘔吐物，而是像排泄物。這很噁心又驚人；更重要的是，對開羅而言那是極致的痛苦。我此生見過無數種的場景，卻是第一次目睹如此的景象。我能想到的只有牠的消化系統已經不堪負荷，基本上已經是在逆向工作了，結果證實，事實與此相距不遠。

事情終於發展到了我們無法忍受的地步，所以我們帶牠回醫院。他們想替牠量體重，但牠幾乎沒法自己站上體重計，我必須扶著牠。那時牠已經瘦到只剩皮包骨了，體重掉到只比二十公斤多一點點。牠在巔峰時期體重介於三十到三十五公斤，所以現在幾乎是少掉了三分之一的重量。我們到醫院時替開羅動手術的醫生忙著開刀，因此我們又找了他的同事。她看著開羅並報告消息時，語氣相當柔和也富有同情心。化驗結果是陽性。開羅得了癌症。晚期。

「有任何康復的機會嗎？」我問。

她傷心地搖搖頭。

「我很遺憾，沒有。」

我看向娜塔莉。她正和開羅一起坐在地上，揉搓牠的背忍住淚水。

好吧……夠了。

該是放手的時候了。這樣讓牠活著已經不是為了牠，而是為了我們自己了。我們太過自私。牠承受了超乎尋常的痛苦，而情況只會繼續惡化。

醫生贊同我們的決定——事實上，百分之百是我的決定；徵求娜塔莉的意見是不公平的。我們都知道這點。開羅為了我賭上性命不只一次。我完全無以回報。但我可以終結牠的苦難。這是我的責任，我一人的責任。這很心痛，但確實是正確的抉擇。

「針對這種情況，我們有提供一些服務，」醫生解釋。「不論你們的需求為何。」

我蹲下，溫柔地揉搓開羅的背脊。

「謝謝您，」我說。「但我們會自己處理。我想帶牠回家。」

我抱起開羅帶牠出去，將牠放上卡車。娜塔莉和我一起載牠回家，幾公里的路程一片靜默。我替牠注射了一劑舒痛停希望牠好受些。然後我打電話給海軍的一位獸醫技術員請他幫個忙。不久後他抵達我們家，開始佈置排列開羅安樂死需要的器具。娜塔莉和我一起躺在地上陪伴開羅，一邊撫摸牠的頭。我將牠的腳掌握在手心中。

「會很順利的，夥伴。」

很快，且毫無痛苦就結束了。二〇一五年四月二日，下午三點〇二分，在家人的陪伴下，有爸爸握著牠的手，開羅靜靜地走了。

「我愛你。」我哭著說。管牠聽不聽得到。我的頭抵著牠的，我知道牠感受得到。牠知道我就在這裡。

之後，獸醫技術員打了通電話過來。他說，有一位住在不遠處的女士在她鄉村的家中經營一間小型禮儀社。她的客戶大多是像我們這樣失去摯愛寵物家人的人，她可以幫忙處理開羅的遺體。娜塔莉和我一起開車去她家，後座躺著的是裹在牠生前最愛的毯子裡的開羅，一首甜美、憂傷的音樂自收音機傾瀉而出。是由愛黛兒翻唱，巴布．狄倫的〈讓你感受我的愛〉（*Make You Feel My Love*）：

我願意挨餓，我願意遍體鱗傷……

只為讓你感受我的愛

經營禮儀社的女士歡迎我們進屋，向我們表達慰問並請求見見開羅。她說明了服務項目，和我們討論費用，並承諾會好好照顧牠。

過了幾天，我們回到她家拿開羅的遺骨。一個大咖啡罐裡，罐身上印有牠的掌印並寫有名字，裡頭裝的是開羅的骨灰。另一個罐子裝的是在阿富汗受傷後，手術植入進牠的體內的金屬物件：一顆螺絲和一塊金屬片，還有其他手術裝進體內的各種東西。基本上就是些沒有被火化分解的東西。此外還有一個牠的腳掌的石膏像，以及一小把捆得緊緊的毛髮，是要給娜塔莉的。

「這是給您的。」女士笑著將毛髮推到我們面前。

我們將所有物品放進一個箱子內，謝謝女士的體貼和專業。她知道我曾是海軍，但應該不知道是海豹或開羅是軍犬；她肯定不知道牠的成就。若她有問我就會說：開羅活了精彩的一生。牠是英勇的軍犬與忠誠的夥伴；只能說我不能要求有更好的狗了，或者說更棒的朋友。牠從不明白自己的成就或是拯救了多少性命，但確實知道牠能讓人快樂。

而這就是牠最重要的特點。

結語

我學到一件事，那就是康復過程不能求快。不論是腦傷或者心靈的傷，癒合都需要時間。傷痛會如同潮汐退下，僅留下讓你微笑或大笑的回憶。畢竟生命是拿來過生活的，你不能置之不理太久。

二〇一五年七月三十一日，在開羅離開差不多四個月後，我的醫療退休申請正式通過。這麼多個月的等待，無盡的申請、評估、面談和測試的循環，最後虎頭蛇尾地結束得如此怪異。

老實講，自從加入海豹部隊以來，感覺已經過了好長一段時間。我說這話不帶有任何惡意或懊悔。不爭的事實是，我高中甫畢業便加入海軍，用盡努力追逐著當上海豹的夢想。我這麼做是為了以最高標準效力國家，在戰爭的第一線對抗所謂自由的全球公敵。這是天真還是太過單純嗎？或許有一點。離開德州時這個世界比我認為得更要複雜，而我從來不知道殺死別人，或者看著朋友們死去是什麼感覺。但我相信我們所做的工作，也以我的貢獻為傲。我很感激有機會成為這個傑出組織的一員，能夠和我完全可以確定是精英中的精英的人一同服役。

但自從我申請這份工作三年後，我知道自己不再能夠恢復健康，又或者是不夠年輕、無法再回歸執勤了。才三十一歲就像一名老人的感覺很怪異，但我的感覺就是如此。最後，海軍同意了。

我的職涯循序漸進，悄悄地走到了終點，三年有限的役期使我受了重傷——完全不涉及跳出飛機、追捕壞人或炸毀東西。我苦於創傷性腦部損傷。這事已經發生了。因此，我沒有按照過去喜歡的方式繼續努力，而這也是特種部隊人員經常面臨的狀況。我試著不自怨自艾，那可能只會讓事情雪上加霜。九一一事件後，海軍特種部隊中有超過九十名成員於任務中陣亡或是死於軍事演習。數百位成員身受重傷，直到今天仍帶著比我更嚴重的傷疤苦苦掙扎。

從多個角度看來，我很幸運，而我必須提醒自己這個事實——就算是在那段最悲慘的日子中。

正式退休後，我在阿拉巴馬州擔任保全。這是個錯誤的決定。太快了。我的頭痛加劇，腦霧如急速刮起的風暴侵襲我。六個月後，我辭職，花了一年時間與娜塔莉和狗狗們一同旅行。我們在佛羅里達與德州，和彼此的家人共度時光。我們橫跨整個國家，拜訪了各地的朋友。最後，我在東德州的湖邊買了一間小房子，舒適地安頓下來。

透過海軍內部的朋友，我與達拉斯的腦部治療基金會（Brain Treatment Foundation）的傑出人士有了聯繫，這是一間致力於提供協助與指引予身受創傷性腦部損傷及PTSD的退休老兵的機構。眾多老兵掙扎於與過去服役相關的症狀，並經常覺得自己必須默默忍受。獨自一人。很多時候我也這麼想。但其實有人可以提供幫助，而我幸運的找到了。我也很樂意幫助其他人找到這些協助。

透過腦部治療基金會，我被轉介至位於加州卡爾斯巴德的腦部治療中心（Brain Treatment Center），此中心隸屬於USC神經修復中心（USC Neurorestoration Center）。在那裡我接受的治療：穿顱磁刺激、腦神經反饋、腦部刺激，是過去我從未接觸過的。日子一天天過去，我開始痊癒。頭痛和背部痙攣減緩了，慢性疼痛也離我而去，我停止了大部分的藥物，情緒也自然而然開始好轉。這是替代療法還是時間的功效？我不知道。可能兩者都有吧。

我有時還是會頭痛，在我想起失去的朋友時，烏雲再次聚集，但最終總會散去。我沒有待在愁雲慘霧裡太久。我的記憶力相比過去幾年有所改善，我感覺……好多了，整個人幾乎又完整了。

娜塔莉和我又多養了兩隻狗：又一隻瑪利諾犬和一隻荷蘭牧羊犬。牠們可愛慘了，也讓我們忙得不可開交。有時其中一隻瑪利諾犬會朝另一隻伸出腳掌，頭部歪成一個特定的角度，和開羅的相似程度令人難以置信。

這也讓我不禁微笑。

我偶爾需要出差，我以自由業者的身分從事保全工作，並和腦部治療基金會一同鼓勵更多老兵尋求協助與支持。有時候我會帶一隻，或多隻狗一起出發。但就算牠們全都待在家，我也不覺得孤單。那個有腳印的咖啡罐？那個裝有開羅骨灰的罐子？我通常出門都會放進背包裡隨身攜帶。不論旅程是兩百公里或是兩千公里，我無一處不是開車前往——我寧可坐在方向盤後，搖下車窗提高音樂音量。然而有時候我被迫搭飛機；不常，但有幾次我帶著開羅一起，這造成了和飛機安檢人員之間一些有趣的互動。

運輸安全管理局檢查員（拿著咖啡罐盯著腳掌印）：這是什麼？

我：那是我的狗，先生。牠是我最好的朋友。

運輸安全管理局檢查員（輕輕將罐子放回桌上）：噢……我很遺憾。

我：沒關係。我去到哪都帶著牠。

運輸安全管理局檢查員（同情地點點頭）：我能理解。

當然，他並不是真的理解。不過話說回來，他要如何理解？我從未告訴任何人罐子裡裝的不僅僅是一隻狗的骨灰，而是有史以來最了不起的狗之一。某種程度上，這是我一直以來保留給自己的一段話。

然而，最近我開始覺得讓更多人認識開羅，聽聽牠的故事，可能以某些方式和牠產生連結應該不錯。我想捐贈一些個人的收藏給九一一事件紀念館，包括那些提醒著我和開羅共度的時光的物品。我仍留著那件牠拯救我性命那晚穿的沾有血漬的背心——之後牠穿著同一件參與海神之矛行動。要與之分離不容易，但若其他人有機會看看，將是向開羅致敬的好方式。

或者我也會捐贈牠的骨灰，或者至少一小部分。我自己會留一些，安全地裝在後背包裡的咖啡罐內，這麼一來開羅從未遠離過我，也會永遠知道：

我愛你，夥伴。